사고력을 크게 키우는 수학책 :

오카베 츠네하루 지음
Okabe Tsumeharu

안소현 옮김

문예림

사고력을 크게 키우는 수학책 :

초판인쇄	20010년 1월 20일
초판발행	20010년 1월 25일
지은이	오카베 츠네하루 지음 / 안소현 옮김
발행인	서덕일
펴낸곳	문예림
주소	서울 광진구 군자동 1-13호 문예하우스 101호
전화	02-499-1281
팩스	02-499-1283
홈페이지	www.bookmoon.co.kr
이메일	book1281@hanmail.net
출판등록	1962년 7월 12일 제2-110호
등록번호	ISBN : 978-89-7482-472-3 (13790)

© Copyright Okabe Tsuneharu in Japan.

잘못된 책은 구입하신 서점에서 교환하여 드립니다.

프롤로그

한국에는 그다지 알려지지 않았지만 일본 정부에서는 한때 인도의 IT 기술자 만 명을 일본으로 초청한다는 프로젝트를 세운 적이 있다. 이 계획은 '취업 빙하기' 일컬어지는 시대에 신문지상과 매스컴에 오르내렸다.

만약 독자 여러분 가운데 "나는 인문계라 IT 기술자와는 아무런 관련이 없다." 생각하는 사람은 11장을 참고하길 바란다. 그들 만 명으로 인해 줄어든 일자리는 돌고 돌아서 결국 다른 곳까지 그 파장이 미치게 된다. 전자계산기 회로 설계에 수학이 사용되고 있어, 수학과 IT 기술이 연결되어 있다고 생각하는 사람이 있는데 실제로는 직접적인 관련이 없다. 또한 수학자 중에서도 나처럼 전자계산기를 잘 다루지 못 하는 사람도 많다.

그렇다면 나는 왜 '인도의 IT 기술자 만 명을….' 말을 글머리에 꺼냈을까? 사실 수학과 IT 기술자 양성은 밀접한 관련이 있으며, IT 기술뿐 아니라 새로운 물건을 만들거나 매뉴얼에 없는 예기치 못한 상황이 발생했을 때 대처하는 능력과도 상관성이 존재한다.

때마침 교육과정 심의회에서 어느 위원이 "예전에는 수학의 추상적인 아름다움에 이끌리는 사람이 많았는데, 지금은 그런 사람이 줄어들었다." 지적했다(하지만 아쉽게도 그의 결론은 "추상성을 줄이자"는 쪽으로 기울었다). 그러나 IT 기술자 초청 문제를 통해서도 알 수 있듯이 우리는 수학의 추상적인 아름다움을 이해할 수 있는 교육을 해야 한다.

이 책은 수학의 추상화를 통해 전혀 상관없어 보이던 일이 연관되고, 어떤 곳에서 사용하던 방법이 다른 분야에도 적용되는 사실을 증명하고 있다. 수학은 추상화 단계에서 무엇이 문제이고, 무엇이 필요한지, 그리고 사물의 본질을 파악할 수 있는 능력을 길러 준다. 지금과 같이 거센 변화가 일어나는 시대야말로 본질을 꿰뚫는 힘 즉, 수학적인 사고력이 필요하다. 또한 사고력을 길러 주는 역할도 반드시 수학이 담당해야 한다.

우리 같은 수학 관계자 역시 반성해야 할 점이 많이 있다. "수학은 어떤 학문인가?", "수학을 배우고 연구해서 무엇을 얻을 수 있는가?"라는 측면에서 수학 관계자의 연구가 전반적으로 부족했다.

그래서 "추상적인 아름다움에 이끌리는 사람이 줄어들고 있기 때문에, 수학 자체를 줄이자"는 의견이 나왔던 것이다. 이런 반성을 근거로 이 책에서는 가우스와 아르키메데스 등 위대한 수학자들의 사고력과 친숙한 연구를 예시하여 수학의 본질에 접근하고 수학적인 사고력을 높이기 위한 방법을 제공하고 또한 그것들을 다각적으로 분석하여 바람직한 방향을 제시할 생각이다.

부디 이 책을 통해 수많은 독자들이 수학적인 사고의 편리함과 아름다움을 느낄 수 있길 바란다. 또한 이미 고등학생이나 대학생, 사회인이 된 사람들이 학교와 사회의 영역 안에서 사고력을 활용하고 향상시키는 데 도움이 되었으면 한다.

저자가

목 차

서문 | 수학은 사고력을 키워 준다 _____ 9
    수학은 기본이 중요하다 9 / 수학적 사고력을 향상시켜라 11

1장 | 천재 소년 가우스의 연구 _____ 13
    1에서 100까지의 합 13 / 분수 계산도 간단히 할 수 있다 14 / 필산을 하면 머리 회전이 좋아진다 16

2장 | 종이와 연필의 세계로 떠나 보자 _____ 19
    수학이란 무엇인가 19 / 쾨니히스베르크 다리 건너기 문제와 오일러의 발상 20 / 추상화하면 간단해진다 26 / 좁은 의미의 수학과 넓은 의미의 수학 28 / 실험에서 구조의 탐구로 나아가라 30

3장 | '추상화' 하면 간편해진다 _____ 33
    한 가지 형식의 매력 35 / 방정식을 조금 변경해 보면 새로운 사실을 알 수 있다 36 / 일반화는 다시 일반화를 부른다 37 / 유추는 과학의 원동력 38 / 페르마의 정리가 와일즈의 정리가 되지 못하는 이유 39

4장 | 수학적인 감각이 뛰어나다는 말은? _____ 43
    수학 감각의 5가지 특성 43 / 1. 독창적이어야 한다 45 / 2. 일반성이 있는가 46 / 3. 수학화는 단순함을 선호한다 47 / 4. 조화로운 아름다움을 추구한다 48 / 5. 구조적인 아름다움을 추구한다 51

5장 | 수학은 사고의 산물이지만 사회 현상을 지배한다 _____ 55
    유클리드의 5가지 공준(公準) 55 / 새로운 기하학의 탄생 56 / 수학은 현실을 반영한 것 58

6장 | 문제 제기형과 문제 해결형 중 여러분은 어느 쪽인가? _____ 61

7장 | 어떻게 하면 수학적인 감각을 향상시킬 수 있을까? _____ 65
    1. 산만해서는 안 된다 65
    2. '자료를 수집해서 모조리 암기' 하는 일은 그만두어라 66
    3. 독선에 빠져서는 안 된다 66
    4. 다른 과목을 소홀히 여겨서는 안 된다 67
    5. 스스로 체험하라 67

8장 | 수학적인 두뇌 사용법이란 무엇인가? — 69
두루마리 휴지의 길이를 측정하기 위해서는? 69 / 머리를 약간 사용하면 편해진다 74

9장 | 먼저 간단한 경우부터 생각하라 — 77

10장 | 어쨌든 손을 움직여라 — 85

11장 | 머릿속에서 자유롭게 움직여라 — 89
한쪽으로 모아라 89 / '초과된 부분만큼 빼는' 원리 96 / '피타고라스의 정리'의 증명 100 / 두루마리 휴지를 묶은 끈의 길이는 얼마인가? 103

12장 | 간단하게 다시 만들어라 — 107
별 모양의 다각형의 내각의 합을 구하라 107

13장 | 불필요한 부분을 찾아내라 — 115
지금 무엇을 요구하고 있는가? 115 / 나팔꽃 덩굴의 길이를 측정하라 123 / 바퀴벌레가 달린 거리는 얼마인가? 125 / 복잡한 문제도 해결할 수 있다! 126 / 문제의 본질을 파악하면 응용도 가능하다 128

14장 | '특이점'은 중요한 단서 — 131

15장 | 대략적으로 생각해서 좋은 경우도 있다 — 137
'대강'에서 이끌어 내는 방법이 있다 139 / 어느 정도의 오차가 허용되는가? 141 / 도형을 대략적으로 취급하는 토폴로지 143

16장 | '키 포인트(Key-point)를 찾아라 — 149
누가 거짓말쟁이인가? 150

17장 | 선을 긋거나 색을 칠한다 — 161
보조선이나 보조색을 이용하라 161 / 이해하기 쉬운 상황으로 바꿔라 166 / 겉모습은 달라 보여도 본질은 같다 174

18장 | 대칭성에 주목하라 _____ 177
대칭인 도형은 아름답다 177 / 대칭형은 중앙에 해결책이 있다 185 / 신비한 마방진 188 / 최단거리로 목장에 갈 수 있는 방법은? 190

19장 | 반복의 법칙성에 실마리가 있다 _____ 195
마방진을 만들어 보자 196

20장 | 끊임없이 연필을 돌려라 _____ 199
도형은 재밌어야 한다 199

21장 | 평균값에서 생각하라 _____ 207
평균값을 사용하면 이렇게 쉬워진다 210 / 두루마리 휴지의 길이도 평균값으로 구할 수 있다 213

22장 | 늘이거나 줄여라 _____ 215
형태는 달라도 연결 상태는 같다 215 / 토폴로지는 '고무 도형의 기하학' 216 / 성냥개비 도형 놀이 218

23장 | 차원을 높여라 _____ 223
면적에서 길이를 구하라 223 / 모범 답안이 모범이 아니다 229

24장 | 수학은 이미지다 _____ 237
무엇을 요구하고 있는가? 238 / 이런 편법이 있다 241

에필로그 _____ 248

서문 | 수학은 사고력을 키워 준다

수학은 기본이 중요하다

 산수나 수학을 통해 길러야 할 능력으로는 '계산'과 '사고'가 있는데, 이렇게 구분하는 편이 이해하기가 훨씬 쉬울 것이다. 예를 들어, 계산 착오와 사고의 오류는 다른 형태로 나타나기 때문에 양쪽에 대해 동일한 대책을 적용하면 해결책을 찾을 수 없다.

 그렇지만 계산과 사고는 서로 밀접한 관련이 있으며, 이 두 가지를 구분하기 어려운 경우도 종종 있다.

 예를 들면 분수를 계산할 때,

$$\frac{1}{2}+\frac{1}{3}=\frac{2}{5}$$

라고 계산하는 경우가 있다.

 이런 실수를 저지르는 이유는 단순히 계산력이 떨어져서가 아니라 사고력에 문제가 있기 때문이다. 따라서 단지 계산 방식을 암기하고 있느냐 없느냐로 대학생의 실력을 평가하는 것은 문제가 있다.

물론 계산을 무시해서는 안 된다. 계산을 통해 이론을 확인할 수도 있고 경우에 따라서는 이론 그 자체를 세울 수도 있기 때문이다. 또 이론에 따라서 계산을 간단히 할 수도 있다.(이 책에서도 몇 가지 예를 들어 놓았다.)

교육의 기본인 '읽기·쓰기·산수'를 잘 하기 위해서는 '사고'는 물론 '계산', '암기'를 몸에 익히기 위한 '반복 연습'이 중요하다.

구소련(현 러시아)의 후르시초프 수상이 피카소의 그림을 보고 "말 꼬리에 그림물감을 묻혀 그렸다."는 말을 해서 비웃음을 샀던 적이 있다. 피카소는 자신의 감성과 데생으로 기초를 다진 후 비로소 추상적인 표현을 할 수 있었다. 학문이나 예술처럼 생산적인 일을 하기 위해서는 일정 기간 피나는 노력을 통해 기본적인 기술을 터득해야 하는 것이다.

대학생의 산수 능력이 부족한 이유는 수학 능력을 단련해야 할 시기에 노력을 투자하지 않았기 때문이다. 그런데 어이없게도 교육 과정 심의회에서는 기초를 다질 수 있는 시간을 줄여놓고 "아이디어가 끊임없이 샘솟도록 만들겠다(교육 과정 심의회 의원의 담화)."라고 표명했는데, 이 말은 "데생은 나중에 하고 먼저 붓에 그림물감을 묻히는 방법부터 알려주겠다."라는 의미와 마찬가지다.

하지만 기초 훈련을 많이 한다고 해서 반드시 계산 능력이 향상되는 것은 아니다.

저자는 원래 계산이나 암기에 약했고, 지금도 물론 그렇다. 수학자 중에는 나처럼 계산과 암기에 약한 사람이 많다는 설도 있는데, 바로 세계적인 수학자 오카 키요시(岡潔) 선생님이 이렇게 주장했다. "계산이 서툴기 때문에 계산을 줄이는 방법에 감탄하고, 암기에 약하기 때문에 암기를 줄일 수 있는 수학의 매력에 사로잡히게 된다." 그러나 서툴다는 이유로 계산 연습을 게을리 해서는 안 된다. 연습을 꾸준히 하면 계산 자체는 빠르지 않더라도 최소한 '계산 방법'을 잊지는 않을 것이다.
 내 경험에 비추어 볼 때 고통스러웠던 계산 연습을 통해 여러 가지 감각을 몸에 익히고, 또한 사고력을 향상시킬 수 있었던 것 같다.

수학적 사고력을 향상시켜라

 아무런 기초도 가르쳐 주지 않고 갑자기 그림을 그리라고 하면 장난에 그치고 만다. 따라서 그림을 그리는 기술이 다소 부족하더라도, 그림을 감상하면서 "아, 아름답다. 나도 이런 그림을 그리고 싶다"는 기분이 들도록 만드는 과정이 매우 중요하다.
 이는 공부를 할 때도 마찬가지다. 기초 훈련만 지나치게 강조하면 좀처럼 의욕이 생기지 않는다. 우선 수학을 공부할 때는 기초를 익힌 후 수학적인 감각을 기르는 사고력을 어떻게 키울 것인지, 또 그것이 어디에 도움이 되는가를 알아야 한다. 그러기 위해서는 수학을 통해 향상시킬 수 있는 사고력이 무엇인지에 대해 명확히 해 둘 필요가 있다.
 우리는 지금 베를린 장벽이 무너지고, 내실 있던 은행이 갑자기 파산하는 등 급변하는 시대에 살고 있다. 이런 시대에는 전혀 예상치 못한 어려움에 부딪칠 수 있기 때문에 적절히 대처할 수 있는 능력을 갖추고 있어야 한다. 즉, 사물을 정확하게 관찰하고 본질이 무엇인지를 꿰뚫어 보는 수학적인 사고력이 필요하다. 산수나 수학 공부를 시작하는 단계에서부터 '추상화' 작업을 통해 사고력을 키워야 한다.
 여기에서 나오는 '추상화'는 자칫 어려운 개념이라고 오해하기 쉽다. 실제로 중앙교육심의회의 의사록을 살펴보면 '순수 수학자'가 추상화를 너무 중시하면 "아이들과 수학 사이에 장벽을 만들게 된다."고 나와 있다. 하지만 그것은 오해다.
 예를 들어 2개의 사과와 2마리의 벌레는 완전히 다른 존재다. 그렇지만 2개의 사과에 1개의 사과를 더하는 일과 2마리의 벌레에 1마리의 벌레를 더하는 일을, 다음과 같은 식으로 나타낼 수 있다.

$2 + 1 = 3$

이렇듯 식으로 나타낼 수 있다는 것은 이미 추상화에 발을 들여 놓았다는 증거다. 이런 식을 사과의 경우, 귤의 경우, 벌레의 경우 등으로 따로 나누는 것은 비효율적이다. 이것이 '수의 덧셈'이고, 같은 방법으로 만들어진 것을 공통의 '재산'으로 삼은 것이 문화이며, 추상화의 사고다. 계산 훈련은 사고력을 다지는 데 필요하다.

물론 추상화는 간단한 내용만 있는 게 아니라 복잡한 단계도 있다. 따라서 추상화를 할 때는 먼저 무엇이 본질인지 곰곰이 생각해 보아야 한다.

급변하는 시대에 살기 위해서는 본질을 파악하는 힘, 즉 수학적인 사고력이 반드시 필요하다. 또한 사고력을 기르는 역할은 마땅히 수학이 담당해야 한다. 그래서 이 책에서는 수학적인 사고력이 무엇인지에 대해 논했으며, 사고력을 향상시키기 위한 구체적인 방법을 제시하였다.

1장 | 천재 소년 가우스의 연구

1에서 100까지의 합

지금부터 계산력과 사고력의 연관성에 대한 예를 살펴 보도록 하자. 서문에 소개한 오카 키요시 선생님의 "예외는 있지만 수학자의 대부분은 계산이 서툴다."는 학설과 일치하는 사람으로는, 계산력과 사고력이 모두 뛰어난 수학자 가우스가 있다. 그가 7살 때였다. 학교에서 선생님은 "1에서 100까지의 수를 모두 더하라"는 문제를 냈고, 학생들은 열심히 모든 수를 더하고 있었다. 그런데 가우스는 순식간에 답을 말했다. 어떻게 그럴 수 있었을까?

그는 다음과 같이 생각했다(가우스의 사고법 이외의 설명은 모두 내 상상이다). "덧셈은 순서를 바꿔도 그 결과가 변하지 않는다. 1과 100, 2와 99, 3과 98, …… 이런 식으로 조합하면 모두 50쌍이 생기는데 각 쌍의 합은 101이다. 따라서 101×50 =5050이 정답이다."

사고의 내용을 식으로 나타내면 다음과 같다.

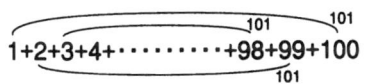

또 이것을 막대그래프를 이용하여 나타내면 다음과 같다.

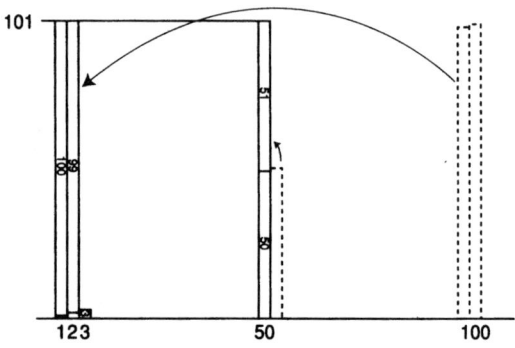

가우스가 이런 발상을 이끌어 냈을 때, 위와 같은 방법으로 했는지는 알 수 없지만 우리처럼 평범한 사람은 식이나 그림을 그려서 이해하는 편이 빠를 것이다(이 점에 대해서는 나중에 다시 언급하겠다).

분수 계산도 간단히 할 수 있다

몇 년 전 나와 동료들이 출판한 책의 제목은『분수를 할 줄 모르는 대학생』(오카베 츠네하루(岡部恒治), 니시무라 가즈오(西村和雄) 도세 노부유키(戶瀨信之) 공저(共著), 동양경제신보사(東洋經濟新報社), 1999년)이다.

일본에서는 전부터 분수 교육에 대한 논의가 활발하게 이루어졌다. 그런데 가우스는 분수를 소수로 고치는 계산, 즉 나눗셈을 보통 사람보다 몇 배나 빨리 계산했다. 아마 한국 제일의 주산 왕과 가우스가 속도를 겨룬다면 가우스가 이겼을지도 모른다. 가우스는 유아기 때부터 계산 연습을 했고, 그 결과 상당히 빠른 속도로 계산을 할 수 있었다는 점이 대단하다(한국 제일의 주산왕도 다른 측면에서 대단하긴 대단하다).

가우스는 200까지의 소수(素數)[1] p에 대해서, $\frac{1}{p}$, $\frac{1}{p^2}$, ……의 표를 만들었다. 이 표는 나눗셈에 대해 어떤 의미를 가지고 있을까?

실제로 $\frac{1}{7}$을 필산(calculation by writing - 숫자를 적어서 계산)하면 다음과 같다.

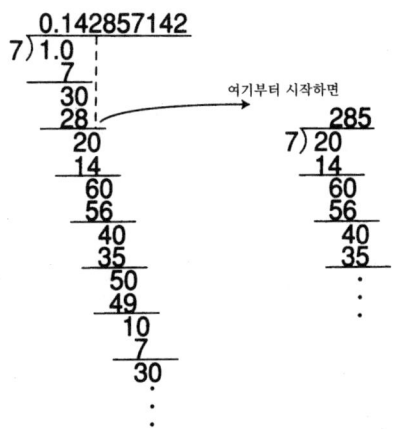

여기부터 시작하면/나눗셈의 몫(즉 0.142857142……)을 주의 깊게 살펴보자.

몫의 소수 첫째 자리부터 수를 배열해 보면 다음과 같다.

  142857142………(1)

또 소수 셋째 자리부터 수를 배열하면 다음과 같다.

  285714285………(2)

그런데 여기에서 (1)의 2배가 (2)가 됨을 알 수 있다.

다음에 소수 둘째 자리부터 배열하면,

  428571428………(3)

이것은 (1)의 3배다.

약간 이상하게 생각될지도 모르지만, 이러한 원리는 필산한 과정을

---

[1] 1보다 큰 정수 p가 1과 p자신 이외의 양의 약수를 가지지 않을 때의 p

살펴보면 알 수 있다.

(2)의 가장 처음에 나오는 숫자 2는 '나머지 2에 0을 붙여 20으로 계산한' 값이다. 즉 여기부터 $\frac{2}{7}$의 계산이 시작된다.

마찬가지로 (3)은 $\frac{3}{7}$의 계산이 시작된 곳의 값이다.

반대로 생각하면 0.142857142……에서 '꼭지점' $\frac{n}{7}$ ($1 < n < 7$) 은 모두 간단히 나온다. 예를 들어 $\frac{5}{7}$ 은 0.14의 5배가 0.7이므로 7에서 시작하는 부분을 찾으면 0.714285714……라는 사실을 알 수 있다.

이렇게 분수를 소수로 고치는 계산이 얼마든지 가능하다.

예를 들어보면,

$$\frac{16}{21} = \frac{3}{7} + \frac{1}{3}$$
$$= 0.42857142\cdots\cdots + 0.33333333\cdots\cdots$$
$$= 0.7619047\cdots\cdots$$

가 된다.

필산을 하면 머리회전이 좋아진다

위의 계산에 대해 몇 가지 분석을 추가해 보도록 해 보자.

가우스가 많은 계산을 하고 있는 모습을 본 어떤 사람이, 계산을 줄이고, 사고력 향상에 시간을 쏟을 수 있도록 조수를 고용하라고 조언했다.

그런데 가우스는 "지금까지 단순히 기계적인 계산 능력을 익히려고 했기 때문에, 조수가 있어도 별로 도움이 되지 않을 것이다."(다카키 테이지(高木貞治) 저, 근세 수학사 이야기』)라며 거절했다고 한다. 가우스는 계산을 통해서 수학의 여러 가지 구조를 밝혀 내려 했던 것이다.

가우스는 계산 시간을 줄이고, 사고력 향상에 시간을 쏟으라는 조언을 받아들이지 않았다. 현재 한국에서 수업 시간에 전자계산기를 사용하는 일이 문제가 되고 있는 것도 같은 식으로 생각할 수 있다.

전자계산기는 매우 편리한 물건이다. 하지만 초등학생 때부터 전자계산기로 계산을 하면 수의 개념이 불분명해질 가능성이 있다. 앞서 예를 들었던 나눗셈 계산에서 $\frac{2}{7}$의 형태가 $\frac{1}{7}$안에 포함되어 있는 구조도 이해할 수 없을 것이다. 따라서 다소 귀찮더라도 필산을 통해 수의 개념을 익혀야 한다.

평범한 초등학생이라도 선생님이 조금만 지도해 주면 이해할 수 있다. 또 유리수는 반드시 순환소수가 된다는 사실도 알 수 있다. 이렇듯 여러 가지 사실을 깨닫게 되면 계산 자체에 흥미를 가질 수 있다.

한국의 2002년 학습 지도 요령에는, '교과서에는 원주율이 3.14이라고 되어 있지만 수업 시간에 전자계산기를 이용할 때만 3.14로 계산하고 필산을 하는 경우에는 3으로 계산하게 한다.'는 내용이 들어있다. 하지만 이런 방식이 앞으로 좋은 영향을 가져올 것 같지는 않다.

가우스의 계산력은 계산을 잘하는 사람의 속도와는 질적으로 차이가 있다. 계산을 잘하는 사람에게 계산의 비결을 들으면 속도는 향상될지도 모르지만 그 이상의 발전을 기대할 수는 없다. 하지만 가우스는 계산 구조의 본질을 파악해서 자기 것으로 삼았다.

나눗셈 같은 단순한 계산에도 수리의 묘미가 숨어 있고, 그 사실을 알면 우리들도 곧 빠져들 수 있다. '수학자는 계산이 서툴어도' 괜찮다고 했는데 그 이유는 '서툴기' 때문에 편리한 방법을 필사적으로 찾으려고 노력하기 때문이다.

수학의 큰 특징 가운데 하나는 '본질을 추구하면 편리해진다'는 사실을 초등학생과 중학생에게도 명확하게 이해시킬 수 있다는 데 있다.

2장 | 종이와 연필의 세계로 떠나보자

수학이란 무엇인가

우선 수학이 사회에서 어떤 위치를 차지하고 있는지를 알아보자. 나는 『수학 감각을 향상시켜라』(고단샤(講談社), 1982년)라는 책에서 다음과 같은 도식을 제시했다.

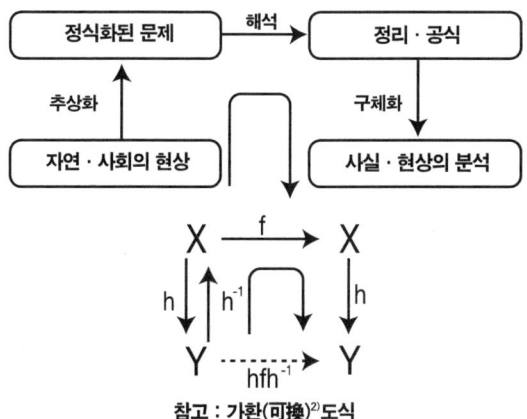

참고 : 가환(可換)[2]도식

---

2) 가환(commutative)-2개의 대상이 결합한 결과가 결합하는 순서와 관계가 없을 때의 조작과 사상의 합성이 경로와 상관없이 일치하는 식

그렇다고 이 도식이 완전히 내 생각만으로 이루어진 것은 아니다. 이 도식은 학생 시절 읽었던 동독(당시)의 기호 논리학자 게오르규 크라우스의 『기호 논리학(1958년)』의 '개념 인식' 도식에서 힌트를 얻었다. 그리고 이 식은 수학에서 이미 '가환 도식'으로 사용되고 있으므로 훨씬 전부터 존재했다고 생각해도 좋다.

따라서 누가 먼저 만들었는지 굳이 따질 필요는 없지만, 만약에 학습지도 요령에 비슷한 그림이 나오게 된다면 여러 곳에서 사용될 수 있으므로 확실하게 밝혀 두는 편이 좋을 것 같다.

쾨니히스베르크 다리 건너기 문제와 오일러의 발상

그렇다면 구체적인 문제를 통해 도식의 의미를 생각해 보겠다. 예를 들어, '쾨니히스베르크(Koonigsberg - 현재 러시아의 칼리닌그라드(Kaliningrad)) 다리 건너기 문제'에 대해 알아보자. 이것은 수학의 추상화에 대한 좋은 예로써, 이미 알고 있는 사람이 있을지도 모른다.

18세기 무렵, 프로시아(지금의 러시아 발트 해에 면한 지역)의 거리 쾨니히스베르크에서 산책 문제가 사람들의 관심을 불러 일으켰다. 이 문제에는 '거리에 있는 7개의 모든 다리(그림 참조)를 1번씩만 건너서 산책하라'는 조건이 붙어 있다.

즉, 같은 언덕이나 섬은 여러 번 지나가도 상관없지만 같은 다리는 딱 1번만 건너야 한다.

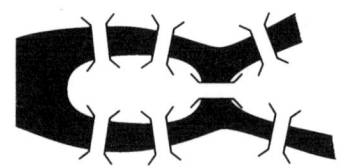

처음에 사람들은 이에 대해 여러 가지 방법을 생각해 보았다. 먼저 실제로 현지를 둘러보는 일부터 시작했는데, 시행착오를 거치며 계속해서 코스를 바꾸어 산책했다. 하지만 이것이 의외로 어려운 문제임을 알자 이번엔 지도 위를 따라갔다.

그러나 이 일이 불가능하다는 사실을 깨닫자 '왜 불가능할까. 그 이유가 알고 싶다'는 방향으로 발상을 전환했다.

곰곰이 생각해 보면 산책로의 길이와 섬의 형태는 이 문제와 아무 관계도 없음을 알 수 있다. 즉 문제의 본질은 다리의 연결 상태에 있으며, 형태가 다소 변형된 지도라도 마찬가지의 결과를 얻을 수 있다.

오일러(Euler, 스위스의 수학자)는 오랜 기간 시민들의 논쟁거리가 되었던 산책 문제에 대해 새로운 해결 방법을 제시했다(관련 논문은 1736년에 발표되었다).

그는 이 문제의 본질이 각 섬에 놓인 다리 개수의 조합에 있음을 발견했다. 지금부터 오일러가 생각한 방법을 설명하겠다. 그는 '귀류법(歸謬法)[3]'으로 이 문제를 해결했다. 즉, 일단 7개의 다리를 1번씩만 건너서 산책할 수 있다고 가정한 후, 이 가정에 대한 모순을 제시했다.

코스에 있는 섬과 언덕은 출발점이나 종착점이 아니라 산책 도중에 지나치는 경로이다. 또한 그 코스에 첫 번째로 들어서는 다리와, 첫 번째로 나오는 다리를 생각하면, 각각의 다리는 한 번 밖에 건널 수 없으므로 이미 2개의 다리를 건넌 셈이다.

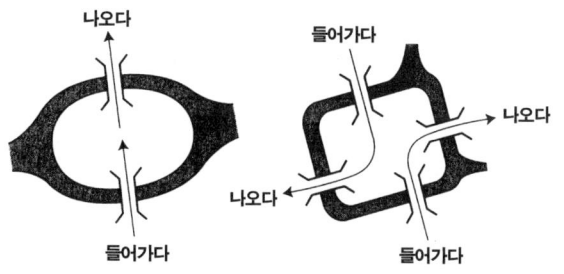

---

[3] 어떤 명제가 참임을 증명하는 대신, 그 부정 명제가 참이라고 가정하여 그것의 불합리성을 증명하고, 원래의 명제가 참임을 보여 주는 간접 증명법

만약에 다른 다리에서 들어온다면(두 번째), 이 때도 들어가고 나오는 다리가 필요하기 때문에 모두 4개의 다리를 건넌 게 된다.

이처럼 산책 도중에 있는 섬과 언덕에는 들어온 횟수의 2배의 다리가 필요하다. 즉, 중간에 있는 섬과 언덕에는 짝수의 다리가 있어야 한다.

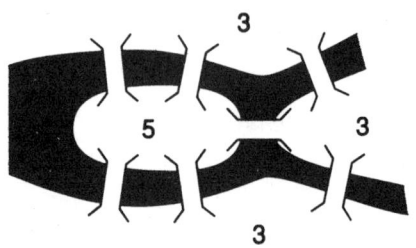

숫자는 각 섬과 언덕의 수, 그런데 위의 지도에서 4개의 섬과 언덕에 놓여있는 다리는 3, 3, 3, 5로 모두 홀수이다. 하지만 출발점과 종착점은 각각 1개씩으로 합쳐서 2개가 되기 때문에, 4개의 섬과 언덕이 모두 출발점과 종착점이 될 수는 없다.

즉, 처음에 다리를 한 번씩 건너는 산책 코스가 있다는 가정 자체가 잘못된 것이다. 오일러는 문제의 본질을 파악하여 추상화에 성공했다. 추상화된 지도에서 섬의 형태와 넓이, 코스의 길이는 아무런 관계가 없다.

지도 위에서 산책 코스를 생각한 게 바로 수학의 시작이라고 할 수 있다. 왜냐하면 지도를 이용해서 본질적인 것은 남기고, 필요 없는 것은 생략하는 사고력을 길렀기 때문이다.

'종이와 연필의 세계로 들어가는 것'과 '수학의 세계로 들어가는 것'이 같은 의미라는 이유가 바로 그 때문이다.

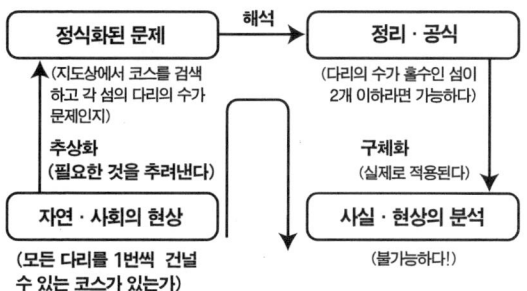

또한 그 종이에 어떤 정보를 남겼는가에 따라 문제를 해결하는 방법이 달라진다. 지도에 섬의 형태와 코스의 길이를 반드시 반영해야 한다고 생각하는 사람들은 좀처럼 결론에 도달하기 어렵다.

하지만 오일러는 이 문제가 '크기를 취급하는 기하학'이 아니라, 라이프니츠(Leibniz – 독일의 수학자)가 '위치의 기하학'으로 이름 붙인 분야에 속한다는 사실을 깨닫고 해결에 도달할 수 있었다. 즉, 오일러는 크기(섬의 형태, 넓이, 코스의 길이)가 이 문제와 아무런 상관이 없음을 파악했다(지금 여러분 중에는 '그런 건 우리도 알 수 있다'고 생각하는 사람이 있을지도 모르겠다. 그러나 오일러가 살던 시대에는 현재 우리에게 친숙한 철도 노선표 같은 건 없었다).

이렇듯 추상화의 방향에 따라서는 수학 문제가 되었을 때, 단순화되어 쉽게 해결할 수 있는 형태로 바뀌는 경우도 있다. 이것은 추상화 단계에서 수학 감각이 발휘된 예라고 할 수 있다.

현재 이러한 오일러의 방법은 많은 책에서 추상화된 한붓 그리기[4] 문제로 소개되고 있다. 그것은 다음과 같은 형태로 나타낼 수 있다.

---

4) 붓을 한 번도 종이 위에서 떼지 않고 같은 곳을 두 번 지나지 않으면서 도형을 그리는 일.

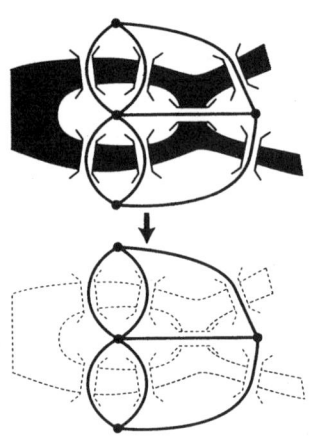

　각 언덕과 섬에 휴게소를 만들고, 산책 코스는 휴게소에서 출발하되 다리를 건널 때는 반드시 휴게소를 통과하도록 한다. 단, 여기서는 산책 코스만을 생각하고(위의 그림), 강과 다리는 잊도록 한다.

　이렇게 하면 이 문제는 순식간에 한붓그리기 문제가 된다. 지도상에서 '다리를 통과하는 일'은 '휴게소 지점에서 휴게소 지점까지 이 다리를 지나는 곡선을 그리는 것'과 같은 의미가 된다.

　꼭지점과 곡선으로 이루어진 도형(그래프)을 한붓 그리기로 그릴 수 있느냐는 문제는 모든 다리를 1번씩 건너서 산책하는 문제와 같아진다. 즉, 쾨니히스베르크의 다리 건너기 문제는 아래의 그래프(점과 곡선의 도형)가 한붓그리기로 가능한지를 묻는 문제와 같다.

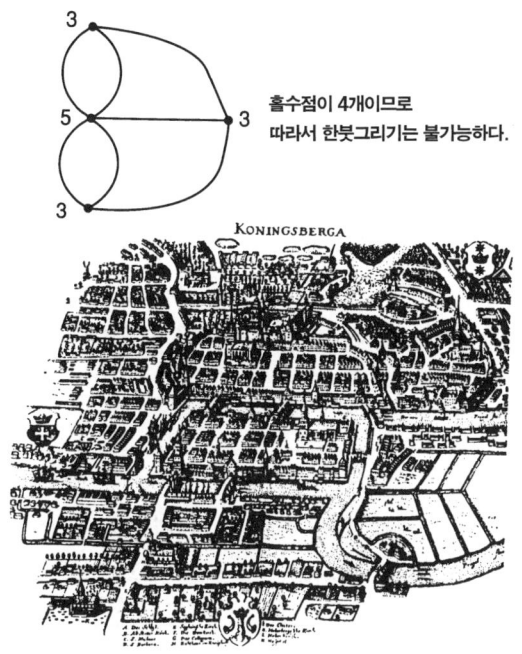

오일러는 먼저 각각의 점을 두 종류로 나누었다. 한 꼭지점에 연결된 변의 개수가 짝수일 때는 짝수점, 홀수일 때는 홀수점이라고 구분하여 접근하였다.

짝수점에서는 늘 두 변이 짝이 되어 들어가고 나가게 되고, 홀수점에서는 들어온 후에 나가지 못하는 변이 꼭 하나 생긴다. 따라서 홀수점의 개수가 0인 도형은 어떤 점에서 출발해도 출발한 점에서 끝나는 한붓 그리기가 가능하며, 홀수점의 개수가 2인 도형은 한 홀수점에서 출발하여 다른 한 홀수점에서 끝나도록 하므로써 한붓 그리기를 할 수 있다.

즉, 짝수점으로 되어 있는 도형이나 홀수점이 2개인 도형으로 한 개가 출발점이고, 나머지 한 개가 도착점인 경우에만 한붓 그리기가 가능하다.

추상화하면 간단해진다

이제까지 서술했던 과정을 그림으로 나타내고 약간의 해설을 덧붙이여 이해를 돕기로 하겠다.

문제가 주어졌을 때 직접 체험하고 확인하는 일은 자연 과학의 기초로 중요한 자세이다.

하지만 여기에서 그친다면 수학으로 연결되지 않으며, 무엇보다도 시간과 노력이 많이 든다(걷기 운동을 많이 해서 건강이 좋아질지는 모르지만). 또한 문제를 전체적으로 놓고 볼 수 없다(문제를 바라보는 시야를 넓힐 수 없다.).

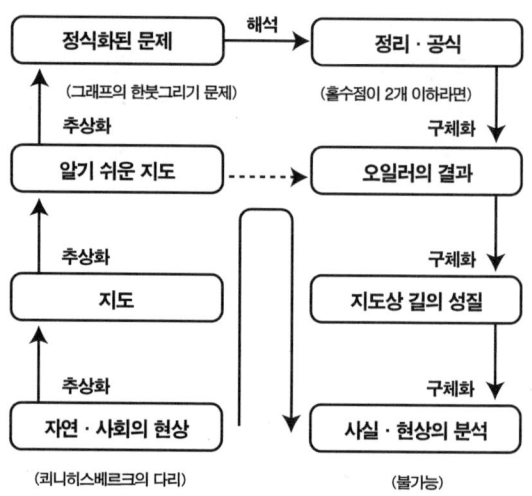

첫 번째 추상화의 작업으로 종이(지도) 위에 문제를 그려본다. 여기서는 닮은 도형의 개념이 사용된다. 첫 번째 추상화 작업은 가장 자연스럽고 쉬운 것으로 하자.

지도를 만드는 단계에서 늘이거나 줄이는 변형, 즉 토폴로지(topology - 위상(位相))이나 위상 수학 또는 위상 기하학이라고 불리는 현대 수학의 한 분야)적인 변형을 해도 좋다는 사실을 알게 되면 대부분 문제를 해결할 수 있다. 이것을 제 2단계의 추상화라고 한다. 요컨대 연결되는 상태가 문제의 본질이라는 것을 파악해야 한다. 이런 과정을 통해 문제는 좀더 확실해진다. 오일러가 논문에 발표한 것도 바로 제 2단계이다.

제 3단계에서는 추상화에 따라 지도가 없어지고 꼭지점과 곡선의 도형, 즉 그래프의 문제가 된다(사실 오일러가 이것을 깨달았던 것은 '위치의 기하학'을 언급하면서부터, 그리고 그 후 발표된 논문을 통해서이다). 그런데 여기에서도 '추상화 = 단순화'의 명제가 다시 나타난다. 추상화를 계속하다 보면 점점 '고도'의 개념이 등장하며, 이로 인해 문제가 좀더 간단하고 선명해지는데, 이러한 추상화의 과정은 수학적인 감각이 표출된 것이라 할 수 있다.

쾨니히스베르크의 다리 건너기 문제의 예에서는 도형의 선이 서로 연결되어 있는지가 문제가 된다. 연결되어 있는 선을 연장하거나 축소해도 도형에는 변화가 생기지 않지만, 자르거나 붙이면 상황은 달라진다.

이 문제를 풀 때는 도형을 고무로 만들어서 늘이거나 줄이는 것이 좋다. 단, 자르거나 붙여서는 안 된다.

도형을 이렇게 연결되어 있는 상태로 보면 원과 삼각형, 사각형 등의 둘레는 모두 같아진다. 그러나 원에서 한 점을 뺀 다음 만든 도형은 한 점만 부족한 것이 아니라 완전히 다른 도형이 된다.

지금까지 얘기한 것은 '토폴로지'라는 기하학으로 역의 요금표, 노선도 등에 사용된다. 왜냐하면 요금표나 노선도 역시 노선의 거리보다는 갈아타기 등의 연결 상태가 중요하기 때문이다(토폴로지에 대해서는 나중에 좀더 자세히 살펴보기로 하자).

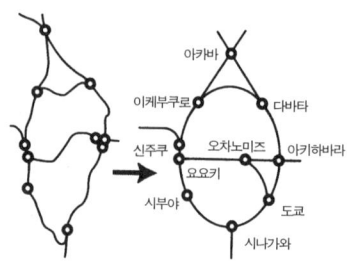

야마노테(山手)선의 변형

좁은 의미의 수학과 넓은 의미의 수학

지금까지는 사회 문제를 해결하는 과정을 구체적으로 설명했다. 이 내용을 다시 한번 정리해 보겠다. '수학의 위치'에 대한 표를 간단하게 나타내면 다음과 같다.

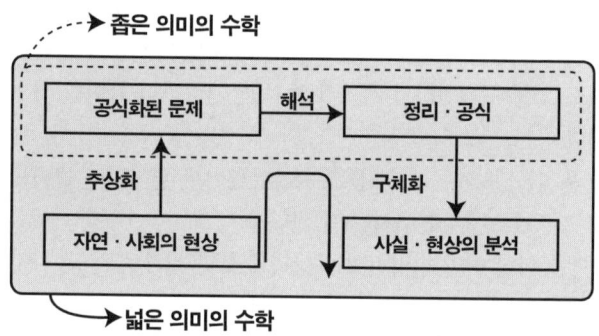

사회와 자연계에서 일어나는 현상, 또는 추상적으로 머릿속에서 해명하고 싶거나 분석하고 싶은 문제가 있을 때 다음과 같은 과정을 통해 문제를 명확하게 만들어 해결할 수 있다.
그 과정을 살펴보면,

1. 문제를 찾아낸다.
2. 그 문제의 핵심적인 부분을 추상화하고, (취급이 가능한) 조건으로 적어 놓는다.
3. 그 조건을 해석하고 사용하기 쉬운 형태(정리, 공식의 형태)로 만든다.
4. 그것을 실제 문제에 응용·적용한다.

좁은 의미의 수학은 세 번째 내용을 말한다(크라우스의 『기호 논리학』에서는 이 부분을 '수학'이라고 규정했다. 또 당시에는 그것이 일반적이었다). 그러나 나는 넓은 의미의 수학은 1~4 전체를 말한다고 생각한다.

이 중에서 특히 중요한 부분은 1과 2로, 앞에서 설명한 추상화와 밀접한 관계가 있다. 이 점은 나중에 다시 설명하겠다(6장 문제 제기형과 문제 해결형 참조).

3의 단계에서는 추상화된 내용으로부터 여러 가지 사고를 거쳐 어떤 종류의 결론을 이끌어 낼 수 있다. 이것을 '정리'와 '공식'이라고 부른다.

또한 정리와 공식 등을 이용한 계산을 현실 상황에 응용하는 일을 구체화라고 한다. 예를 들면, 쾨니히스베르크의 다리 건너기 문제를 푸는 일이 불가능하다는 사실을 밝히는 과정도 구체화의 하나이고, 한붓 그리기의 문제에 답을 제시하는 것도 역시 구체화이다. 그렇다면 이번에는 구체화를 좀더 넓은 의미로 생각해 보자.

앞의 표에서 윗부분의 점선으로 둘러싸여 있는 부분은 좁은 의미의 수학으로 생각하면 좋다. 그리고 표 전체는 넓은 의미의 수학으로 보면 된다. 이 책에서는 넓은 의미의 수학에 대해 살펴볼 생각이다.

수학은 현실에서 일어난 일을 종이와 연필을 사용해서 표현하고 해명해 가는 과정이다. 그러므로 추상화 작업에 성공하면 무엇이든 수학으로 적용할 수 있다.

또한 몸을 움직이거나 위험한 실험을 거치지 않아도 종이와 연필만 있으면, 머리만으로도 위험을 예측할 수 있다. 즉, 어떤 문제가 발생했을 때 예상되는 모든 상황을 일일이 조사하지 않아도 간단히 답을 구할 수 있다. 문제를 해결할 때 몸으로 움직이는 것보다 머리를 사용해서 현상을 해명하려는 것이 수학의 목적이다.

실험에서 구조의 탐구로 나아가라

수학은 종이와 연필의 세계라는 것에 대해 좀더 이야기해보자. 이것과 관련해서 다소 걱정이 되는 경향이 있다. 이른바 실험지상주의가 그것이다. 물론 실험은 이론을 확인하고 이해하기 위해 절대적으로 필요하다.

그러나 실험만 계속하고 "재미 있었다"는 느낌에 만족한 후, 실험을 통해 얻을 수 있는 결과에 대한 의미를 찾으려고 하지 않는다면 단순히 과학의 마술로 끝나고 말 것이다.(하지만 실험에서 얻은 결과를 이론으로 정립하지 않는다면 단순한 과학의 시녀로 전락하고 말 것이다.)

특히 수학은 사물의 본질을 파헤치고 그것을 지배하는 구조와 성질을 발견해 내는 일이 그 목적이기 때문에, 단지 실험의 결과만 놓고 본다면 아무런 의미가 없다(그렇다고 실험이 무의미하다는 말은 아니다. 실험은 예측을 하는 일에 큰 도움이 된다.)

예를 들어, '피타고라스의 정리(Pythagorean theorem)'를 처음으로 발견한 사람이 피타고라스(학파)라고 생각하는 사람이 많은데, 사실은 그렇지가 않다.

삼각형의 3변의 길이를 자연수 a, b, c라고 할 때,
$$a^2+b^2=c^2$$
를 만족하면 c의 길이를 빗변으로 하는 직각삼각형이 된다.

구체적인 사례는 기원전 1800년경의 바빌로니아 점토판에 많이 나타나고 있다.

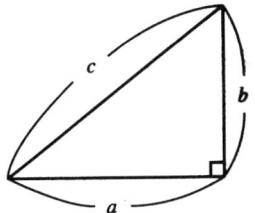

 바빌로니아 시대에 이미 이러한 직각삼각형이 되는 피타고라스의 수를 알고 있었던 것이다.

 그런데 이것이 피타고라스의 정리라 고 불리는 이유는 피타고라스 학파가 이 사실을 일반화하고 증명하여 그 구조를 확실히 했기 때문이다.

3장 | '추상화' 하면 편해진다

이 책의 첫 부분에 사과의 개수를 예로 들어 추상화에 대해 이야기했다. 그럼 지금부터는 추상화의 효과에 대해 자세히 살펴 보겠다.

이에 대한 예로 연립방정식이 있는데, 우선 다음 문제를 읽어보자.

> |문제|
> 하나에 50원인 사과와 20원인 귤이 있다. 그런데 여기에서 귤과 사과를 합쳐 모두 12개를 샀더니 금액이 450원이었다. 그렇다면 사과와 귤을 각각 몇 개씩 살 수 있을까요?

이 문제는 예전에 중학교 입학 문제로 출제되었던 것이다. 하지만 초등학생은 연립방정식을 배우지 않기 때문에 학생들은 고대 한국(원조는 중국이지만)의 '학거북산(鶴龜算)'[5]으로 사용했던 식을 이용해야 했다.

물론 어떤 공부방에서는 학생들에게 연립방정식에 대해 가르치기도 했다. 그러나 '학거북산'에 대해 배우지 않은 사람이 대부분이고,

---

5) 학과 거북의 합계 마리 수와 그 발의 합계 수로 각기 몇 마리인가를 계산해 내는 셈

배웠더라도 잊은 사람이 많을 것이다. 따라서 여기서는 그 방법에 대해 다시 한번 소개하고자 한다.

〈학거북산의 해답〉

12개 모두가 사과라면 12×50 = 600(원)이 되어 150원이 초과한다. 따라서 150원을 귤과 사과의 금액 차이(30원)로 메워야 한다.

이를테면, 150÷30 = 5이므로 5개만 사과와 귤을 바꾸면 된다. 따라서 답은 사과 7개, 귤 5개.

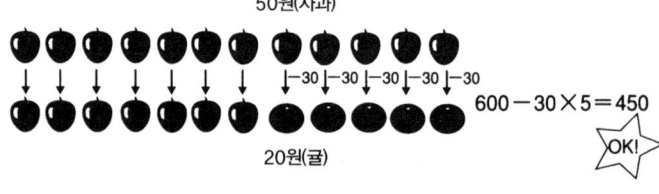

이처럼 '학거북산'으로도 문제를 해결할 수 있다. 그렇다면 '눈치 빠른 공부방'에서 일부러 연립방정식을 가르쳤던 이유는 무엇일까?

'학거북산'의 결정적인 단점은 주어진 상황에 맞춰 여러 가지 방식을 생각해야 한다는 것이다. 이것은 어떤 때에는 '여인산(旅人算)[6]'이 되고, 또 다른 경우에는 '유수산(流水算)[7]'이 된다. 이런 방식의 계산은 내가 확인한 것만 해도 16개에 달한다. 따라서 모든 방식을 이해하고 각각의 경우에 대해 어떤 방식이 적당한지 판단해야 한다.

물론 이것은 사고력의 기르는 데 도움이 될 수도 있다. 하지만 시간적인 여유가 없다. 특히 시험을 치르는 경우에는 빠른 속도가 요구되는데, 형식을 모두 암기하고 있으면 괜히 복잡해지고 쓸데없이 머리를 쓰게 된다. 이런 방법이 나쁘다는 게 아니라 수험생의 실정에 맞지 않는다는 점을 기억했으면 한다.

---

[6] 거리가 같다면 속도와 걸리는 시간은 반비례
[7] 배를 타고 강을 거슬러 올라갈 때 강의 흐름에 의해 배의 진행 속도가 느려짐

한 가지 형식의 매력

3장 첫 부분에 제시한 문제에 대해 '눈치 빠른 공부방'이 도입한 '미지수를 이용한 해법'을 소개하겠다.

〈미지수를 이용한 해법〉
사과의 개수를 x, 귤의 개수를 y로 두면

$$\left.\begin{array}{l}50x+20y=450 \quad\cdots\text{①}\\ x+y=12 \quad\cdots\cdots\cdots\text{②}\end{array}\right\} \text{(A)}$$

라는 식이 성립되는데, 여기에서 y를 소거하여 미지수 x만 남기기 위해 ②의 양변에 20을 곱하면,

$$20x+20y=240 \quad\cdots\text{③ 이 된다.}$$

그런 다음, 위의 식에서 아래 식을 빼면

$$30x=210$$

양변을 30으로 나누면,

$$x=7$$

이것을 ② 식에 대입하면, $y=5$

그러므로 정답은 사과 7개, 귤 5개 가 되는 것이다.

━━━━━❖❖❖❖━━━━━

이것은 미지수를 x, y, z,…… 등으로 두고 차례로 식을 세운 다음, 미지수를 줄여 '해'를 얻는 방법으로, 이를 이용하면 사고력(암기를 하고 있는 사람에게는 기억력)을 크게 줄일 수 있다. 하지만 만약 여기에서 절약한 사고력을 그대로 묻어버린다면 오히려 해로운 방법이 될 수도 있다.

사과와 귤을 사는 현실적인 문제에서 출발하여, 연립방정식을 '학거북산'으로 풀 수 있는지 시도하는 것은 일종의 '추상화' 과정이다. 학거북산에서 학과 거북이의 수는 미지수와 같은 역할을 한다. 그러나

x와 y를 사용하는 방법은 좀더 고도의 추상화 작업이라 할 수 있다.

x와 y의 의미를 모르는 사람이 (A)의 식을 보고 사과와 귤의 개수를 계산한 것이라고 생각하지는 못할 것이다. 하지만 추상화를 진행하면 상황은 간결해져서 다양하게 응용할 수 있다. 즉 추상화 작업을 통해 좀더 수준 높은 사고를 할 수 있다.

방정식을 조금 변경해 보면 새로운 사실을 알 수 있다

수학의 가장 큰 기능은, 추상화 작업에 의해서 간단명료하고 이해하기 쉽도록 분석하고 해결할 수 있다는 점이다. 예를 들어, 사과와 귤의 연립방정식에서는 변수 소거법(하나의 변수를 없애는 방법)을 사용하여 2개의 미지수를 만들었다. 그리고 이 결과를 구체화하면 사과 7개, 귤 5개라는 답이 나온다.

그렇다면 (A)의 식을 조금 바꿔서 다음의 연립방정식(B)로 만들어 보자. 이번에는 "500원으로 사과(50원)와 귤(20원)을 모두 합쳐 12개 사 오시오."라는 문제가 있다.

$$50x + 20y = 500 \quad \cdots\cdots ① $$
$$x + y = 12 \quad \cdots\cdots\cdots\cdots ② $$
(B)

이 방정식을 앞의 방식으로 풀어보면, $x = \dfrac{26}{3} = 8.66\cdots\cdots$, $y = \dfrac{10}{3} = 3.33\cdots\cdots$ 이란 답이 나온다. 하지만 그렇게 되면 사과가 $8.66\cdots\cdots$ 개가 되어 구체화하기가 어렵다. 채소 장사에게 "사과 8개와 1개를 3등분해서 2조각을 주세요"라고 말할 수는 없다. 물론 누군가가 양보하거나 채소 장사에게 덤으로 얻을 수는 있지만, 이런 경우는 제외하기로 한다. 어쨌든 (B)의 방정식을 풀어보면 좋든 싫든 간에 정수의 세계에서 분수의 세계로 개념의 확대가 이루어진다. 이처럼 일반화하는 과정에서 개념이 확대되는 경우는 자주 있다.

일반화는 다시 일반화를 부른다

여기에서 나오는 분수는 비교적 쉽게 이해할 수 있다. 하지만 무리수는 그렇게 간단하지가 않다. 피타고라스 학파는 피타고라스 정리(이것 역시 몇 개의 직각삼각형 모양에서 일반화하여 구했다)의 결과로서 $\sqrt{2}$ 의 존재를 알고 있으면서도 그것을 애써 감추었다고 한다.

또한 16세기 이후 유럽에 좌표가 도입되면서 음수가 일반적으로 받아들여졌다. 이러한 개념의 확대는 사고의 범위도 확대시켰다. 즉, 음수가 도입되면서 $a-b$는 의미를 갖게 된다.

예를 들어, 2000년 초반의 재산이 b이고, 2001년의 재산이 a라면 2000년 한 해 동안 불어난 재산은 $a-b$가 된다. 만약에 $a-b$가 음수라면 재산이 줄었다는 해석을 내릴 수 있다. 따라서 확대된 개념 속에서 지금까지의 정리와 공식이 성립하는지 검증할 필요가 있고, 그것은 다시 일반화를 부르는 결과를 낳는다. 이것을 표로 나타내면 다음과 같다.

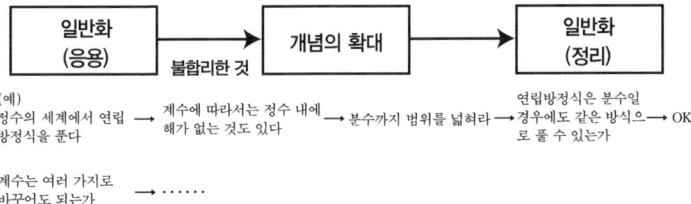

일반화시키는 과정에서 문제의 본질이 나타나는 경우가 종종 있다. 반대로 문제의 본질을 파악하면 일반화시키기 쉬운 경우도 있다. 즉, 수학으로 발전하려면 항상 일반화에 대해 생각하는 것이 중요하다.

유추(類推)[8]는 과학의 원동력

일반화를 좀더 발전시킨 것이 유추다. 예를 들어, 2장에서 설명한 문제 해결의 과정을 가환 도식을 통해 생각한 것도, 이카로스(Icarus)의 아버지 다이달로스(Daidalos)가 새를 보면서, 새처럼 날개를 달면 날 수 있다고 생각한 것도 유추의 일종이다.

유추의 천재로는 기계 등의 스케치를 수없이 많이 남긴 레오나르도 다 빈치(Leonardo da Vinci)가 있다. 그는 나선을 그리듯 대기를 가르며 상승하는 헬리콥터의 그림(ANA[9]의 마크)도 그렸는데, 이는 물속의 부력을 유추하여 공중의 부력을 생각해 낸 것이다.

레오나르도 다 빈치는 예리한 관찰력과 지치지 않는 탐구심으로 많은 유추를 이끌어 냈다. 수많은 스케치가 그 증거로써, 이 스케치에는 새가 나는 모습이나 해부, 근육, 거리, 강, 홍수가 난 모습 등 다양한 종류가 있고, 전후좌우에서 그린 것도 있다.

유추는 수학 및 과학 발전의 원동력이기도 하다. 뉴턴의 역학 교과서 『프린키피아(Principia : Philosophiae Naturalis Principia Mathematica)』는 유클리드의 『기하학 원론』을 교본으로 쓰여졌다고 한다. 『프린키피아』에도 역시 유추가 사용되었다.

만약에 하늘을 날고 싶다면 하늘을 날으는 새를 연구해서 단서를 잡아야 한다. 이런 식으로 연구를 진행하지 못했다면 사람은 아직도 비행기를 타고 하늘을 날지 못했을 것이고, 로케트를 우주로 쏘아 올리는 일은 꿈도 꾸지 못했을 것이다.

---

[8] 유추(類推) 복잡하고 어려운 개념(대상)을 단순하고 쉬운 개념(대상)에 비유하여 알게 하는 방법
[9] 전일본공수(全日本空輸), 일본의 항공회사 이름

그러나 유추가 단순히 흉내를 내는 데 그친다면 아마도 '이카로스' 처럼 하늘을 날다 바다로 곤두박질치게 될 것이다. 따라서 적응되지 않은 부분은 점차 개선해 나가야 하는데 이것이 어려운 점이기도 하다. 수학에서도 같은 식으로 말할 수 있다. 원숭이처럼 흉내 내는 일에서 실용성으로 나아가는 일은 공상에서 과학으로 발전되는 것을 의미한다.

페르마(Fermat)의 정리가
와일즈(Wiles)의 정리가 되지 못하는 이유

일반화 또는 유추를 진행해 갈 때 가장 중요한 점은 예측을 세우는 것이다. 아래 식에서 $n=1$이라든지 $n=2$에서 성립하면, 좀더 일반적인 일 때도 성립하는 것이 아닌가 생각된다. 이것이 예측의 원점이다. 나중에 설명할 귀납법에도 예측이 반드시 필요하다. 고급 수학에서도 예측에 대한 중요성이 강조되고 있다.

최근 화제가 되고 있는 '페르마의 정리'는 다음과 같다.

> 《페르마의 대정리》
> n이 3이상의 정수일 때,
> $x^n+y^n=z^n$을 만족하는 자연수 x, y, z는 존재하지 않는다.

페르마는 디오판토스(Diophanton -그리스 철학자)가 쓴 『산수론(算數論)』책의 여백에 이 정리는 n이 4일 때 성립한다고 적어놓았다. 또한 일반적인 n에 대해서도 "나는 이 정리를 증명했다. 증명은 매우 아름다운 것으로 그것을 기록하기에는 이 책의 여백이 너무 적다."라고 밝혔다.

이 정리는 한눈에 알 수 있듯이 피타고라스의 정리 $x^2+y^2=z^2$를 일반화한 식이다. 처음에는 피타고라스의 정리를 성립시키는 피타고라스의 수가 무한히 있기 때문에, n이 3이상의 정수일 때, $x^n+y^n=z^n$ 식을 만족하는 자연수 x, y, z도 존재할 것이라고 생각했다. 하지만 아무리 노력해도 찾아낼 수 없자, 페르마는 책의 여백이 모자라서 증명할 수 없다는 핑계를 댔던 것이다.

페르마가 제시한 내용 중에는 상당히 옳은 내용이 많았기 때문에 사람들은 처음에 그가 산수론 책의 여백이 좀더 있었다면 증명했을 거란 생각을 했다. 그러나 보기와는 달리 매우 어려운 문제로 오랜 세월 수많은 수학자들이 고민하고 좌절하게 만들었다. 오늘날에는 여백이 충분히 있었다고 해도 페르마가 완전히 증명했으리라 믿는 사람은 거의 없다.

최근에 페르마의 정리는 '다니야마 유타카(谷山豊) 예측'의 부분적인 해결로서 와일즈에 의해 증명되었다. 그렇다면 와일즈가 증명했으므로 '와일즈의 정리'가 될까? '페르마의 정리'로 남아 있거나 '페르마 와일즈의 정리'가 될 수는 있지만 '와일즈의 정리'가 될 수는 없다. 왜냐하면 수학의 세계에서는 증명한 사람보다 예측한 사람이 높은 평가를 받기 때문이다.

우리들이 어떤 문제를 생각할 때 아무런 예측도 하지 않을 때와 예측을 한 후 그것을 입증하는 경우는 의욕에서부터 그 차이가 난다. 또한 예측은 작은 부주의를 방지하기도 한다.

예를 들어 아이들이 자주 하는 실수 가운데 $\sqrt{a^2}=a$가 있다. 이럴 때 나는 "a에 -5를 넣어 봐. 좌변은 어떻게 되니?"라고 묻는다. 이렇듯 간단히 수를 대입하여 예측을 할 수 있다.

그러나 예측만 하고 확인하지 않으면 예상치 못한 독선에 빠질 수 있다. 예상에 대해서 영국의 수학자 클리포드(Clifford)는 다음과 같이 설명했다. "인간이 관찰할 수 있는 것은 극히 일부에 불과하지만, 자연계는 동일하다는 가설 덕분에 보이는 것부터 보이지 않는 것까지 추론할 수 있게 되었다."고 했다.

그러나 그는 "동일성의 가설은 그 성립 여부를 엄격하게 점검할 필요가 있다."고 했다. 클리포드의 마지막 말은 확실히 기억할 필요가 있다.

예를 들어 일정량의 물을 데울 때, 온도와 열량의 관계를 나타내는 그래프는 한동안 거의 직선 상태이다. 하지만 100°를 기점으로 완전히 양상이 달라진다. 그것은 물이 끓어오를 때 발생하는 기화열 때문이다.

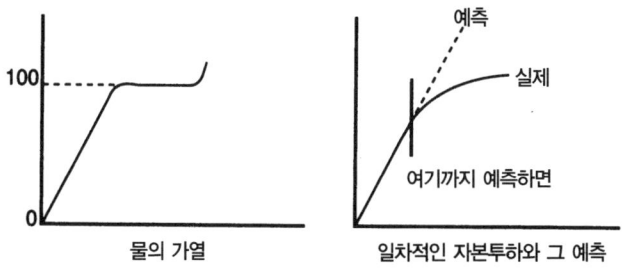

경제에서도 일차적인 자본 투하와 그 효과의 그래프를 생각하면 단기적으로는 직선이고 그 자본을 증가시켜 가면 점선처럼 뻗어나갈 거라 예상하기 쉽다. 그러나 실제로는 그래프의 실선처럼 되는 경우가 많다. 이는 한계효용 체감의 법칙으로 자연계에서는 이러한 그래프가 많이 나타난다.

따라서 예측만으로 어떤 사실을 단정 지어서는 안 된다. 이는 비유클리드 기하학과 아인슈타인(Einstein)의 관계에서 좀더 극적인 형태로 나타난다.

4장 | 수학적인 감각이 뛰어나다는 말은?

수학 감각의 5가지 특성

 여기까지 이 책을 읽은 사람들은 내가 말하고자 하는 수학적인 감각이 어떤 것인지 대강은 이해하였으리라고 생각한다.

 즉, 수학적인 감각이라고 함은 2장에서 설명한 좁은 의미의 수학과 넓은 의미의 수학에 소개된 표에 나온 각 단계에서의 감각을 말한다. 사회가 복잡해질수록 수학 감각이 더 중요해지는데, 우리는 이를 좀 더 효과적으로 사용할 필요가 있다.

 수학적인 사고력을 효과적으로 실행하는 일을 가리켜 '수학 감각이 뛰어나다'고 말한다. 여기에서 '효과적'이란 말은 다음에 제시된 의미 중의 하나이다.

1. 문제점을 정확히 찾아낼 것
2. 그것을 적절히 추상화시킬 것
3. 수학적인 처리가 간결하고 아름다울 것
4. 수학의 응용력이 있을 것

 특히 좁은 의미의 수학 감각은 세 번째를 가리키는데 이것을 좀더 자세히 살펴보면 다음의 표와 같은 내용이 된다. 다음의 표에서는 각각의 핵심 단어를 적어 놓았다.

구 분	접근 방법(해법)의 아름다움	결과의 아름다움
독창성	의외성	의외의 결과, 신개념
일반성	언제라도 가능(평범함), (본질의 추구)	응용성, 본질의 표현, 공통된 성질
단순함	간단함, 조건이 적음, 지시하기 쉬움	짧은 표현, 고도의 추상성
조화미	대칭성의 이용	대칭성, 반복의 미
구조미	유추, 근본이 같다, 연관성	쌍대성 원리 (Principle of Duality)

하지만 사실 위의 분류는 경계가 모호하기 때문에 절대적인 것이 아니며, '굳이 말하자면 이렇다' 정도의 의미로 이해해야 한다(분류의 대부분은 그렇다).

이 표의 내용은 앞으로 본문 곳곳에서 예를 들 예정이므로 여기서는 간단히 소개하는 데 그치겠다.

또한 이 표에서 주의해야 할 점은 분류를 용이하게 하기 위해 같은 이름을 사용했다는 것이다. 옆으로 배열된 것 중에는 관계가 없는 내용이 있을 수도 있다. 예를 들어, '단순함'의 '간단히'와 '조건이 적음'은 나누어져 있지만 '조건이' 적기 때문에 간단해지는 경우도 있다(다음에 소개된다). 또한 단순한 접근이 단순성에 연결되지 않는 경우도 많다.

1. 독창적이어야 한다

학문은 무엇보다 독창성이 중요하다. 따라서 인용을 할 때는 어디에서 무엇을 사용했는지 명확하게 밝혀야 한다. 하지만 본의 아니게 자신이 생각했던 사실이 이미 존재하는 경우가 있는데, 이런 경우에는 나중에 고치면 된다.

그렇지만 그것을 알고 있으면서 아무렇지도 않게 사용하거나, 다른 사람의 자료나 논문을 일부라도 고쳐서 인용하는 행위는 용서받을 수 없다.

그러나 애석하게도 수학 교육의 세계에서는 그 기준이 애매한 경우가 많다. 최근 일본에서는 옛 지도(미술품), 도표 등이 날조된 사례도 있었다. 다른 사람의 독창성을 인정하지 않으면서 '독창성'이란 말을 사용해서는 안 된다.

우선 접근의 독창성에 대해 알아보자. 처음에 새로운 접근을 시작할 때, 즉 무에서 유를 끌어내는 일은 대단하다고 할 수 있다.

유클리드는 아르키메데스(뉴턴, 가우스와 함께 3대 수학자의 한 사람)나 피타고라스에 비해 결과의 독창성에서 낮은 평가를 받고 있다. 하지만 유클리드는 『기하학 원론』에서 처음으로 증명 기술을 본격적으로 사용했고, 책 전체에 연역법을 사용하여 접근의 독창성에 대해 훌륭하다는 평가를 받고 있다. 이는 3대 수학자의 한 사람으로 손꼽히는 뉴턴의 『프린키피아』와 『기하학 원론』과 견줄 수 있을 정도였다.

접근의 독창성 안에 '의외성'이 들어있는 이유는 의외의 방법이 수학이나 여러 가지 과학에 커다란 발전을 가져왔기 때문이다. 예를 들어 수학의 역사에서 파스칼이 원에 대한 결과를 세로만 축소하여 타원에 적용한 것은 당시의 학자들을 놀라게 했다.

하지만 이는 시대를 너무 앞서가는 것이었기 때문에 학회의 인정을 받지 못했다. 한편 프랑스에서 19살의 갈루아(Galois)는 방정식의 문제를 '군(群, group)'이라는 새로운 개념을 사용하여 획기적인 접근을 꾀했다. 그러나 갈루아는 코시(Cauchy), 프와송(Poisson), 푸리에(Fourie) 등 현재까지 이름이 남아있는 수학자들의 인정을 받지 못했으며, 그의 논문은 두 번이나 분실되었던 이야기는 너무나 유명한 일화로 알려져 있다.

이와 같은 예는 뫼비우스의 띠[10]라든지 에셔(Escher)[11] 안노 미츠마사(安野光雅)[12]의 그림 속에서도 발견할 수 있다.

갈루아의 경우에는 좀더 수학적으로 깊이 들어갔으며, 새로운 학문의 방법을 확립하고 현대의 대수학(代數學)의 기초를 세웠다.

독일의 수학자 칸토르(Cantor)는 본인도 자신의 결과를 믿지 못했다. 그는 '요소가 무한개(無限個)인 집합의 집합론'과 '선분의 구성 요소의 집합의 개수가 정육면체의 구성 요소의 개수와 같다'는 결론을 내렸는데, 친구인 데데킨트(Dedekind)에게 이 증명의 확인을 의뢰할 때 '나는 이 결과를 이해하지만 믿지는 않는다'고 말했다고 한다. 이것은 의외성이 정점에 달한 이론으로, 당시 학회의 주류를 이루고 있던 크로네커(Kronecker)의 거센 비난을 받았다.

이 정도까지는 아니지만 비유클리드 기하학의 탄생도 의외의 결과로 여겨진다. 자세한 내용은 다음에 설명하겠다.

2. 일반성이 있는가

다음에 설명할 내용은 일반성이다. 3장에서 설명한 문자식은 학거북산, 유수산, 여인산 일 때에도 모두 성립한다. 이처럼 조건을 바꾸어도 이론이 성립하는 것은 일반성의 목적이고, 일반성을 가진 결과는 역시 아름답다.

접근에도 일반성을 가진 방법이 있다. '해법의 정석'이나 공식이 그 예이다. 하지만 이것은 '형식화'라고 비판받고 있으며, 독창성의 반대말처럼 여겨지기 쉬운데, 확실히 형식화에 빠져서 아무 것도 생

---

10) 좁고 긴 직사각형 종이를 180° 한 번 꼬아서 끝을 붙인 면과 동일한 위상 기하학적 성질을 가지는 곡면
11) 네덜란드의 화가. 수학적인 개념을 도입한 작품이 많이 있다.
12) 1926년생, 수학, 과학, 문학에 조예 깊은 일본의 화가

각하지 않는다면 문제가 있다.

하지만 많은 사람은 문제가 거기에 머물지 않는다고 생각한다. 접근의 '형식화'는 문제군(問題群)의 본질을 정확히 파악하지 않으면 불가능하다. 따라서 독창성 있는 접근이야말로 접근의 '형식화(pattern)'를 만들 수 있고 그곳에서 배우는 내용이 결코 적지 않다. 스스로 '형식화'를 이해하고 분석(나중에 설명하겠다)하면 좀더 독창적인 결과를 탄생시킬 수 있다.

3. 수학은 단순함을 선호한다

대표적인 '단순미'로는 서원(書院)이나 노(能)[13]가 있다. 이것들은 "단순하지만 아름답다"는 말을 듣는데, 나는 수학도 서원이나 노처럼 단순미가 있다고 생각한다.

수학은 사물을 복잡하게 만든다고 믿는 사람이 많지만, 이것은 수학을 이용해서 거짓말을 한 사람들의 잘못 때문이다. 물론 '단순함'을 전면에 내세우기가 곤란한 경우도 있지만, 나는 "수학은 단순함을 미덕으로 해야 한다"고 주장하고 싶다.

나는 학생 시절 두 종류의 리포트를 제출해야 했다. 하나는 수학 담당인 고다이라 선생님의 과제물로, 리포트 용지 3장 이내라는 제한이 있었다. 또 하나는 동양사로 리포트 용지 3장 이상을 제출해야 한다는 규제가 있었다.

그런데 이런 경우에는 양쪽 다 3장을 제출하는 사람이 의외로 많다. 하지만 같은 3장이라도 결과적으로 보면 그 의미가 전혀 다르다. 동양사는 수집한 정보 모두를 나타내라는 말이고, 수학은 될 수 있는 한 단순하고 간단히 요약하라는 말이기 때문이다.

정리(定理)도 간단히 표현할 수 있는 정리는 높은 평가를 받는다. 긴 표현이 필요한 경우에는 그만큼 조건이 많이 붙어 응용하기가 어

---

[13] 익살스런 흉내를 기본 예능으로 삼는 극. 일본의 난보쿠조(南北朝)에서 무로마치(室町)시대에 성립된 가면 음악극

렵기 때문이다. 또 해석할 때도 같은 내용이라면 당연히 간단히 하는 편이 좋다. 사용하는 도구와 정리 등도 되도록 기본적인 것이 좋다. 이처럼 '단순함'을 추구하는 일은 플라톤 이후에 나타난 사상이라고 할 수 있다.

그리스에서는 작도(作圖)를 할 때 컴퍼스와 자만 사용해야 한다는 규정이 있다. 단순한 각의 3등분 문제라고 해도 컴퍼스와 자만으로는 풀 수 없다. 만약에 그런 제약이 없었다면 다음의 그림처럼 간단한 도구로 어떠한 각도 3등분 할 수 있었을 것이다.

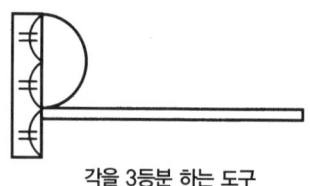

각을 3등분 하는 도구

4. 조화로운 아름다움을 추구한다

단순미에 대해서는 나중에 더 설명하기로 하고, 지금부터는 조화미에 대해서 알아보겠다. 우선 알기 쉽게 대략의 의미부터 살펴보자.

• 대칭미

조화미 중에는 대칭미가 있다. 대칭미는 대칭인 형태가 나타내는 아름다움을 말한다. 대칭미를 나타내는 도형으로는 원, 구, 정다면체 등이 있고 수에는 삼각수[14], 사각수[15] 따위가 있다.

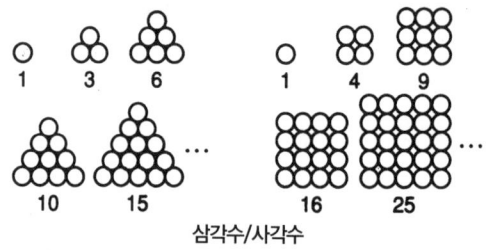

14) 모나드(monad, 점)를 정삼각형의 모양으로 배열해서 나타낼 수 있는 수를 삼각수라 한다.
15) 모나드를 정사각형의 모양으로 나타낼 수 있는 수를 사각수라 한다.

2차 방정식의 근과 계수의 관계 등도 아름답게 대칭을 이루고 있다 (18장에서 대칭성에 관한 문제를 다루겠다).

•쌍대성(雙對性, Duality)

대칭성과 관련된 것이 쌍대성이다. 쌍대성은 사진의 양화(positive)[16] 와 음화(negative)[17]의 관계와 같다. "n개에서 n개를 꺼내는 방법의 총 개수는 n개에서 $n-r$개를 꺼내는 방법과 같다. ($_nC_r = {_nC_{n-r}}$)"라 는 말은 쌍대성의 한 예다.

또한 정다면체 각 면의 중심을 정점으로 생각하면 다른 정다면체가 생기는 것도 쌍대성이라고 할 수 있다.

정팔면체와 정육면체의 쌍대성 관계

정팔면체 → 정육면체 → 정팔면체

•반복의 미

같은 도형이 반복되면 전체적으로 아름답게 보이는데, 이것을 반복 의 미라고 한다. 가장 눈에 띄는 형태는 타일 모양이다. 또한 무리수 를 연분수(連分數)로 나타내면 반복의 미가 나타난다.

카드 섹션(card section)[18]이나 매스 게임(mass game)[19]도 같은 경 우다.

---

16) '포지티브' 또는 '포지'라고도 하며, 음화(negative image)에 대응하는 말이다. 흑백 사진에서는 흑백 이 피사체와 같은 명암을 이루고, 컬러 사진에서는 색채가 피사체와 같은 경우를 말한다.
17) '네거티브' 또는 '네거'라고도 한다. 피사체와는 명암 관계가 반대인 사진의 화상
18) 스탠드 매스 게임이라고도 한다. 많은 인원이 여러 가지 빛깔의 카드를 지휘자의 지시에 따라 바꾸어 들 어, 하나의 통일된 내용의 그림으로 나타내는 집단적 구성미의 표현 수단
19) 집단이 이루어내는 규모적인 면에 가치를 둔다. 연대감이나 집단적 표현력을 목적으로 전체가 한덩어리 가 되거나 그룹으로 나뉘면서 경쾌하면서도 웅장함을 보여준다

위와 같은 대칭미, 쌍대성, 반복의 미를 조화로운 아름다움이라고 한다.

•사고력과 접근의 아름다움

이상은 형태의 조화미에 대한 설명이었다. 이와 함께 사고력과 접근의 조화미도 중요하다. 또한 경제 용어에 '대칭성'이 자주 사용되고 있으며, 그 방면에서 문제가 제기되고 있다.

예를 들어 '정보의 대칭성·비대칭'은 정보량이 같은가, 다른가를 나타낸다. "병의 원인에 대해서 의사와 환자의 정보에 비대칭성이 있다"는 말은 병의 원인에 대해 양쪽 정보의 양이 차이가 있다는 의미이다.

옛날에는 일정량의 세금을 내는 남성에게만 선거권이 있었고, 남녀 차별과 빈부격차 등으로 비대칭을 이루었다. 그리고 현재에는 지역 간의 비대칭성(1표의 격차)이 남아 있다.

이렇듯 확장된 대칭성은 확률에서 중요한 의미를 지닌다. 예를 들면, 제비뽑기를 할 때 먼저 뽑는 사람과 나중에 뽑는 사람의 당첨 확률은 대칭을 이룬다.

또한 어떤 행동(주사위를 던지는 등 확률에 관한 행동)을 할 때 확률 계산의 핵심은 "틀림없이 같다"가 되어야 하고 이것은 대칭의 표현이기도 하다. 확률에 관한 문제를 풀 때 대칭성을 이용하면 간단히 해결할 수 있는 경우가 많다.

반복의 미 중에는 도미노 게임이 있으며, 대량의 도미노가 연속으로 쓰러지는 모습은 굉장히 볼만하다(물론 이것은 주관적인 생각이지만).

도미노 게임에 비유되는 수학적 귀납법도 잘 활용되면 무척 아름답다. 단, 무슨 일이든 귀납법으로 해결하려고 하면 단순미가 무너지는 경우도 있으므로 주의하길 바란다.

5. 구조적인 아름다움을 추구한다

예전부터 '수학과 미'에 대해 말할 때는 반드시 황금분할이라는 말이 나왔는데, 이를 다른 말로 하면 '아름다운 비율'이다. 예를 들면, 파르테논 신전의 기둥 형태나 명함, 그리고 국기의 가로 세로의 비율 ($2:1+\sqrt{5}$)이 황금분할이다. 고대 그리스의 수학자들은 황금분할을 아름답게 느꼈던 것이 확실하다.

하지만 대칭성과 반복의 아름다움과는 달리 비율의 아름다움은 주관적이기 때문에 "이것이 아름다운 비율이다"라고 해도 이를 받아들이지 못하는 사람이 있다. 내가 중학생이었을 때 "황금비는 아름답다"는 말을 듣고 당황했던 기억이 있다. '나는 미적 감각이 떨어지는가' 하는 생각도 했다.

실제로 그리스의 수학자들은 황금비가 여러 곳에 등장한다는 사실을 알고 있었다. 예를 들면, 정오각형의 중심 선분의 비, 정이십면체의 정점 간의 거리 등이 황금비율이다. 또한 아래 그림처럼 작은 정사각형을 잘라내서 생기는 새로운 직사각형이 원래 직사각형과 비슷해지기 위한 직사각형의 두 변의 비는 나중에 '피보나치'(Fibonacci) 수열로 불려지는 것과 관계가 있음을 알 수 있다.

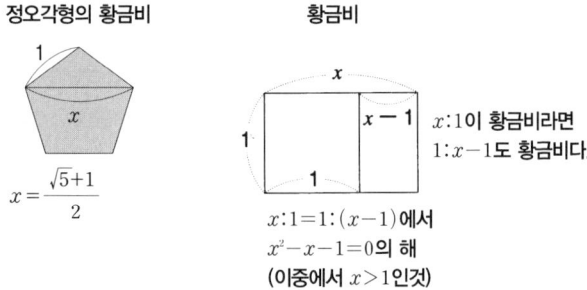

그래서 그리스의 수학자들도 황금비를 어쩐지 신비하다고 느꼈던 것 같다. 황금비는 보기에 아름답다는 말이 아니라 여러 가지 대상을 연결하는 핵심으로써, 그런 성질을 지녔을 때 아름답다고 칭찬을 받았다. 즉, 수학 구조가 지닌 아름다움을 잘 찾아낸 것이 황금비라 할 수 있다.

수학에 관한 구조적인 아름다움을 말할 때 '차원의 높이'가 빠질 수 없다. 앞으로 차원을 높게 하면 간단해지는 문제를 예로 들 생각인데, 여기에서 말하는 차원의 높이와는 약간 뉘앙스가 다르다.

예를 들어, 황금비가 정오각형과 정이십면체에 나타난다고 했는데 이것은 정다면체에 '쌍대(dual)'[20]라는 개념을 적용하는 순간 당연해진다. 즉, 정이십면체가 정십이면체의 쌍대이고, 정십이면체는 정오각형의 면에서 만들어진다는 사실을 알 수 있다. 같은 사물이 다른 상황으로 나타나서 이상하게 여겨지는 경우도 있다. 하지만 차원을 높여서 위에서 내려다보면 확실히 보인다.

경우에 따라서는 차원이 낮은 곳에서 서로 모순이 생긴 것도, 차원을 높인 이론에서는 정합성(整合性, alignment)이 발생하는 경우도 있다. 예를 들면, 일반적으로 2개의 물체의 속도가 각각 v와 w일 때 접근하는 속도는 $v+w$가 될 거라고 생각한다. 하지만 실제로 빛의 속도 와 다른 속도 v가 접근하면 속도는 항상 w가 된다.

---

[20] 선형계획문제(線形計劃問題) 또는 비선형계획문제에서는 원래의 문제와 표리(表裏) 관계에 있는 다른 문제가 대응하는데, 이것을 원 문제의 쌍대 문제라고 한다

이 문제를 해결하기 위해 아인슈타인은 상대성 이론에서 양쪽을 모순 없이 포함하는 아름다운 식을 만들었다.

 이것은 철학 용어로 말하면 변증법의 '정(正)'과 '반(反)'에 대한 '합(合)'과 같은 것이다.

 또한 문제에 접근할 때, 다른 문제에서 사용한 방법을 흉내내는 일을 '유추'라고 하는데 이것을 잘 이용하면 구조미를 얻을 수 있다. 그리고 본질을 이해하고 다르게 보이는 문제 안에 숨어있는 공통점을 찾아내면 유추를 잘 할 수 있다.

5장 | 수학은 사고의 산물이지만 사회 현상을 지배한다

유클리드의 5가지 공준(公準)[21]

이제까지 설명한 아름다움의 조합이 수학 발전에 어떤 영향을 주었는지 살펴보도록 하자.

유클리드가 저술한 『기하학 원론』은 몇 개의 정의, 공리, 공준에서 출발하여 위대한 기하학의 기초를 마련했다.

정의란 '선은 길이가 있고 폭이 없는 것' 등과 같이 앞으로 다룰 내용에 대해 규정한 것을 말한다. 공리는 'A=B 또는 B=C라면, A=C이다'처럼 논리의 진행 방법을 나타낸다(현재의 공리와는 약간 의미가 다르다). 공준은 현실에서 추상화한 기하학을 발전시킨 출발점이 되었다. 이 점이 나중에 문제가 되는데, 일단 지금은 유클리드의 5가지 공준에 대해 알아보겠다.

공준 1 임의의 2개의 점을 지나는 직선을 그을 수 있다.

공준 2 임의의 선분을 양쪽으로 얼마든지 연장할 수 있다.

공준 3 임의의 중심점과 반경을 지닌 원을 그릴 수 있다.

공준 4 직각은 모두 같다.

---

21) postulate, 공리처럼 확실하지는 않으나, 원리로 인정되어 어떤 이론 전개에 기초가 되는 근본 명제. 유클리드 『기하학 원론』에 있는 공리 중에서 기하학적인 내용을 지닌 공리

공준 5 임의의 일직선에 대하여 그 위에 임의의 점이 있을 때, 그 점을 지나고 직선과 평행인 직선은 하나가 있다.

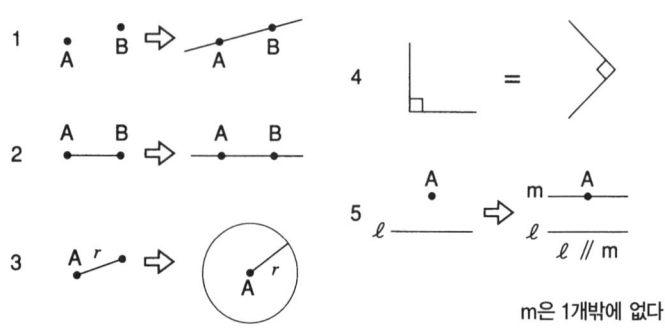

m은 1개밖에 없다

새로운 기하학의 탄생

여러분은 유클리드의 5가지 공준 중에서 공준 5가 다른 것과 약간 다른 성질을 가지고 있다고 생각하지 않는가? 대학생에게 "공준 5가 나머지 공준과 다른 점은 무엇인가?"라는 질문을 하면 바로 이렇게 답한다. "공준 5는 문장이 길어요."

그렇다. 공준 5는 복잡하다. 이것은 수학자의 미의식에 거부감을 느끼게 한다. 예를 들어 프랑스의 수학자 달랑베르(d'Alembert)는 "공준 5는 유클리드 기하학의 유일한 오점이다"라고 했으며, 그래서 많은 수학들은 공준 5를 단순화하려고 노력했다.

그러나 이 일은 좀처럼 쉽지가 않았고, 수학자 중 일부는 "공준 5는 없어도 좋다"고 생각하기까지 했다. 그리고 공준 5는 다른 공리와 공준으로 증명할 수 있을 거라 여겼다.

이것도 일종의 예측이다. 하지만 좀처럼 증명할 수 없자, 예측을 수정하기로 했다.

처음에 수학자들은 귀류법을 사용하여 공준 5가 필요하다는 사실을 증명하기 시작했다. 즉, 공준 5를 부정한 명제를 공준 5대신 사용하면 모순이 생긴다는 사실을 밝히려 했다. 하지만 아무리 노력해도 모순은 발견되지 않았다. 이는 새로운 기하학의 탄생을 예고하는 것이었다.

아르키메데스, 즉, 뉴턴과 어깨를 나란히 하는 천재 가우스가 발견자 중에 한 사람이었다. 그러나 가우스는 종교상의 이유와 더불어 완벽하지 않으면 발표하지 않는 성격으로 인해 새로운 기하학의 발견을 발표하지 않았다.

반면 신을 두려워하지 않는 젊은 수학자들은 세상에 그 사실을 발표했다. 그것이 바로 러시아의 수학자 로바체프스키(Lobachevskii)와 헝가리계 독일인 수학자 볼리아이(Bolyai) 등이 발표한 비유클리드 기하학이다.

그래서 그 때까지 공준 5로 사용했던 기하학을, 비유클리드 기하학과 구별하기 위해 유클리드 기하학으로 부르기 시작했다.

여러분은 평행선 하나 그을 수 없는 기하학이라든가, 어느 점을 지나면서 다른 직선에 평행한 직선을 많이 그을 수 있는 기하학을 생각할 수 있겠는가?

그러나 실제로 다음과 같은 기하학을 생각할 수 있다.

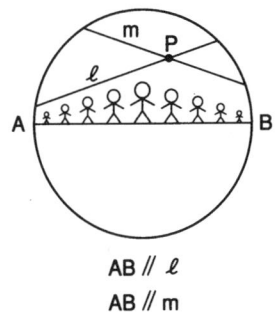

AB // ℓ
AB // m
비유클리드 기하학의 모델

모든 공간이 위의 원 안에 있다고 생각하라. 안에 있는 사람이 정가운데 있을 때는 크지만, 원의 가장자리에 있을 때는 작다. 하지만 주변의 경치나 구두, 옷도 모두 작아지면 눈에 보이지 않는다. 다만 일직선 위를 걷고 있는 모습으로 보인다. 끝으로 갈수록 사람이 점점 작아지기 때문에 경계선에 닿는 경우는 없다. 이것은 이대로 하나의 세계를 이룬다.

이런 세계에서도 직선은 나타난다(가장 짧은 시간에 갈 수 있는 것을 직선이라고 한다). 또한 두 직선이 교차하지 않는 경우 평행이 되는 것도 당연하다. 하지만 이 공간에서는 위의 그림 AB에 대해, 점 P를 통과하는 평행인 직선은 수없이 그을 수 있다.

위의 설명은 수학자의 미의식(단순미에 대한)이 다른 아름다움(의외성의 미)을 탄생시킨 예이다.

수학은 현실을 반영한 것

비유클리드 기하학의 등장은 수학자에게 지대한 영향을 끼쳤다. 이것의 등장으로 인해 사람들은 확고해서 무너지지 않을 것 같아 보이던 평행선의 공준을 부정해도 수학이 만들어진다는 사실을 알게 되었다.

처음에는 "이런 기하학이 무슨 의미가 있는가?"라는 비판을 받았다. 그러나 플라톤 이후, 관념 철학의 영향을 크게 받은 대륙학파(영국 이외의 유럽의 모든 국가) 학자들은, 수학은 현실에서 독립한 기념비적인 학문이라고 말했다.

예를 들어, 독일의 수학자 칸토르는 "수학의 본질은 자유성에 있다."고 주장했으며, 같은 독일의 과학자 힐베르트(Hilbert)는 "점 · 선 · 면 대신에 의자 · 테이블 · 맥주잔을 사용해도 기하학은 성립한다."고 설명했다.

이렇듯 공리와 공준을 바꾸면 새로운 세상을 만들 수 있으며, 수학자는 이 일을 최대한으로 즐긴다. 이것이 바로 추상화의 기술이다. 그렇지만 힐베르트의 기하학에는 맥주잔이 나오지 않는다. 그는 오히려 상식적인 실용주의자였다.

 어느 날 갑자기 '수학의 자유성'의 증거라고 할 수 있는 비유클리드 기하학에 실용성이 부여됐다. 아인슈타인의 우주관에 의하면 이런 세계는 비유클리드적이라고 한다.

 즉, 평행하게 보이는 어떤 직선도 끝까지 연장하면 언젠가 만나게 될지도 모른다. 주변의 땅바닥만 보면 지구가 평평해 보이듯이 우리는 주위의 공간밖에 볼 수 없기 때문에 "우주는 유클리드적인 공간이다"라고 여긴다. 하지만 지구를 높은 차원의 관점에서 바라보면 완벽하게 설명할 수 있다.

 이에 대해 아인슈타인은 "경험에서 독립한 사고의 산물인 수학이 어떻게 이렇게 자연스럽게 결합할 수 있었을까?"라고 말했다고 한다.

 수학은 현실 세계에서 멀리 떨어지려고 했지만 결국, 현실 안에 머물러 있다. 마치 "손오공이 부처님 손바닥에서 도망가려고 하지만 그 손 안에서 맴돌기만 했다."는 이야기와 같다.

 이런 일은 수학을 하는 사람이 현실 안에 살아있기 때문에 발생한다. 즉, 수학자를 둘러싸고 있는 사회 현상이 수학을 결정한다.

6장 | 문제 제기형과 문제 해결형 중 여러분은 어느 쪽인가?

나는 이미 앞에서 수학 감각에는 5가지 특성이 있다고 설명했다. 지금부터는 이를 다른 측면에서 살펴보겠다. 수학의 위치에 대한 표를 조금 추가하면 다음과 같다.

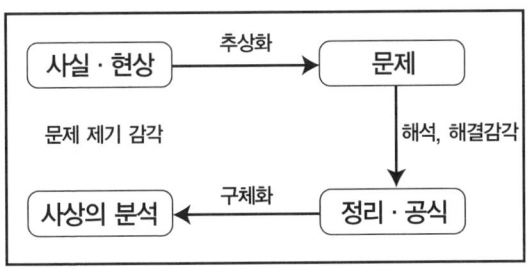

이 표의 왼쪽 부분에 사용된 감각은 문제 제기형 감각으로, 문제를 제기하고 추상화하는 단계와 결과를 응용할 때 사용되는 감각을 말한다. 그리고 문제 해결 감각은 문제를 제기한 후에 본질적인 문제를

얼마나 정확하게 해결할 수 있느냐를 말한다.

물론 문제 제기형과 문제 해결형의 중간이 가장 이상적이다. 그러나 조직의 최고 위치에 있는 사람은 문제 제기 감각이 좀더 뛰어나야 한다. 그리고 그 밑의 사람들은 문제 해결 감각이 더 강해야 한다. 두 가지 감각 중에서 자신에게 부족한 부분을 채워 성공한 사람이 바로 발명가 에디슨이다.

에디슨은 어렸을 적부터 학교에서 배운 수학을 이해하지 못했다고 한다. 문제 제기 감각은 뛰어났지만 문제 해결 감각이 뒤떨어졌던 것이다. 그래서 그는 몇 사람의 협조자를 곁에 두고 자신의 구상을 실현시킬 때 도움을 받았고, 그 결과 위대한 발명가가 되었다.

유명한 수학자들은 문제 제기 감각과 문제 해결 감각이 모두 뛰어난 것이 보통이다. 그러나 두 가지를 비교해 보면 역시 좀더 나은 쪽이 있다. 예를 들어, '예언자' 톰이나 힐베르트 등은 문제 제기 감각이 특히 뛰어났다. 힐베르트는 1900년 국제 회의에서 23개의 문제를 제기했고 그것들은 모두 "20세기에 수학 발전의 지표다."라는 평가를 받았다.

지금부터 미분적분학의 발전에 기여한 뉴턴(Newton - 영국의 수학자)과 라이프니츠(Leibniz - 독일의 수학자), 라플라스(Laplace - 프랑스의 수학자)를 비교해 보자. 뉴턴은 양쪽 감각이 균형을 이루었다고 할 수 있다.

그는 미분적분학과 역학 법칙의 발견을 통해 그의 뛰어난 문제 제기 감각을 발휘했으며, 그것을 이용해서 여러 가지 문제를 해결했다.

한편 라플라스는 문제 해결 감각이 좀더 뛰어났다. 라플라스만큼 평가가 제각각인 수학자도 드물 것이다. 그는 미분적분학을 최대한 유효하게 이용한 천문학자로서 '프랑스의 뉴턴'이라고 불리기도 하고, '악마 라플라스'라는 별칭도 갖고 있다. '악마 라플라스'라는 별칭에는 그가 미분적분학으로 무엇이라도 해결해 나가려는 성실한 자세를 갖고 있어 보통 사람과는 다르다는 칭찬의 의미와 라플라스가 무신론자이라는 점 때문에 그를 '악마'에 비유한 악의에 찬 의미가 섞여 있다.

또한 라플라스는 '배신자', '절도자' 등의 나쁜 별명도 얻었다. 확실히 그는 정치적이고 무절제한 사람이었다. 한국에도 상황에 따라 말을 달리하거나 정당을 바꾸는 정치가가 적지 않은데 라플라스의 경우에는 정도가 심했던 모양이다.

그는 어느 책 서문에서 국민의회에게 이 책을 바친다고 쓰기도 했으며, 정치적 반대 세력인 나폴레옹 정권의 내무 장관을 역임했다. 게다가 나폴레옹을 배신하고 그를 섬으로 유배시키는 문서에 사인을 하기도 했다. 이에 나폴레옹은 유배될 때 "라플라스는 정치적 개념이 없으면서 사소한 일까지 참견하고 정치를 혼란스럽게 만드는 형편없는 인간"이라는 말을 남겼다.

라플라스는 책을 쓸 때 다른 사람의 공적을 마치 자신의 것처럼 기록하는 나쁜 버릇이 있었다고 한다. 하지만 뻔뻔한 라플라스도 뉴턴의 역학 법칙만은 자신의 공적으로 돌릴 수 없었다. 뉴턴과 라플라스는 에디슨과 협조자의 관계와 마찬가지라고 할 수 있다. 왜냐하면 그들은 모두 문제 제기 감각과 문제 해결 감각을 조화롭게 사용했기 때문이다.

라이프니츠는 미분적분학에서 최고의 문제 제기 감각을 자랑하는 대표적인 수학자이다. 그는 '모든 분야의 천재'라는 말을 들을 정도로 여러 분야에 능통했다. 이를테면 수학과 철학, 종교, 역사, 문학, 논리학 등에서 매우 뛰어났다.

그는 계산기와 기호로, 기호 $\int$와 dx, 소수점, 등호 등 지금도 사용되고 있는 기호의 대부분을 발명했는데, "유럽 대륙이 미분적분학에서 영국보다 앞설 수 있었던 이유는 기호를 사용했기 때문이다."는 말이 나올 정도였다. 하지만 영국의 수학자들은 뉴턴과의 의리 때문에 뉴턴의 기호를 고집했다.

가우스는 라이프니츠에 대해 "멋진 수학적 재능을 많은 분야에 낭비해 버렸다. 만약 그가 수학만 파고들었다면 훨씬 훌륭한 업적을 남길 수 있었을 것이다."라며 한탄했다. 그러나 오히려 라이프니츠의 많은 능력은 문제 제기 감각의 원천이 되었고, 그가 발명한 수많은 기호는 수십 개의 정리를 능가하는 후세에 남긴 선물이 되었다.

어쨌든 문제 제기 감각과 문제 해결 감각은 뚜렷하게 구분되는 것이 아니라 서로 연관성을 가지고 있다. 유클리드 공준 5를 둘러싸고 처음에는 "공준 5는 어떻게 해결하는 게 좋을까?"라는 문제 제기가 있었다.

하지만 초기에는 주로 문제 해결 감각의 쪽에서 문제 해결을 하려고 앞장섰던 것 같다. 하지만 공준 5를 좀처럼 해결할 수 없게 되자, 발상을 전환하고 방향을 수정하지 않을 수 없었다. 즉 새로운 예측을 할 때에는 문제 제기 감각이 더 놀라운 위력을 발휘하게 된다.

이렇듯 문제 해결 감각의 노력(2000년 이상)이 문제 제기 감각을 불러온 것이다.

문제 제기 감각과 문제 해결 감각을 수학적 감각과 기하학적 감각이라는 다른 측면에서 분류해 보자. 수학적 감각은 말 그대로 수량 계산, 대소 관계에 관한 감각이며, 기하학적 감각은 공간의 통찰력에 관한 것을 말한다. 그리고 수학적 감각과 기하학적 감각은 문제 제기 감각과 문제 해결 감각보다 분류 방법이 독립적이지만 양쪽 다 관련이 있다고 생각된다.

아무튼 위의 분석은 흥미롭지만 아직 확고한 사실이라고는 할 수 없다.

7장 | 어떻게 하면 수학적인 감각을 향상시킬 수 있을까?

 수학 감각에 대한 개념을 알게 되면 "어떻게 하면 수학적인 감각을 향상시킬 수 있을까?"라는 의문이 생길 것이다. 사실 이 책은 이런 목적으로 집필됐다.

 여기서는 수학 감각의 발달을 방해하는 몇 가지 문제점을 지적했다. 다음 내용을 읽고 깊이 생각하길 바란다.

1. 산만해서는 안 된다

 이 말은 너무나 당연해서 두말할 필요조차 없다. 하지만 다시 한번 마음에 새겨두길 바란다. 우리는 대부분 공부나 일을 할 때 집중해야 한다는 사실을 잘 알고 있고 그 중요성에 대한 이야기를 듣곤 한다.

 3장에서 유추를 설명했는데 레오나르도 다빈치는 관찰력이 있었기 때문에 수많은 발명과 발견을 할 수 있었다고 했다. 관찰력은 산만해서는 절대로 가질 수 없다. 차분히 마음을 안정시키고 대상을 곰곰이 살펴볼 때 비로소 관찰력은 생겨난다.

2. '자료를 수집해서 모조리 암기' 하는 일은 그만두어라

수학을 이해하기 위해서는 최소한의 암기와 계산이 필요하다. 구구단과 분수의 덧셈을 모른다면 사물을 생각하는 기초가 부족하다고 말할 수 있다.

하지만 꼼꼼히 살펴봐야 얻을 수 있는 정보를 '단지 써 있는대로 외우면 그만'이란 식으로 생각해서는 안 된다. 예를 들어 기억력이 뛰어난 사람은 단순히 '옆에 있으면 편리한 존재'에 지나지 않는다. 단지 암기력이 필요하다면 컴퓨터로도 충분하다.

관찰한 결과를 여러가지 비교하고 대조해서 차이점을 발견하면 "왜 그럴까?"라는 의문을 가져야 한다. 그리고 공통점을 찾아내면 이것을 "일반화할 수 있을까?", "유추하면 어떻게 될까?"라는 식으로 문제를 발전시켜야 한다.

3. 독선에 빠져서는 안 된다

어떤 문제에서 '차이점'을 발견했을 때 그 원인을 밝혀내고, 예측하는 것이 중요하다. 또한 원인이 될만한 것들을 최대한 많이 찾아내는 노력이 필요하다.

하지만 "이것이 원인이 아닐까?"라는 단계에서 멈춰버리는 사람이 있다(물론 아무 생각도 하지 않는 것보다는 낫다). 그러나 여기서 머무른다면 독선에 빠지게 되므로 몇 개의 원인을 비교, 분석해서 좀더 합리적인 원인을 찾아내어야 한다.

예를 들어 쾨니히스베르크의 다리 건너기 문제에서 "이 문제를 해결할 수 없는 이유는 게으르기 때문이다.", "실험적으로는 불가능하기 때문이다."는 식으로 생각했다면 아마도 오일러의 발상은 탄생하지 못했을 것이다.

쾨니히스베르크의 다리 건너기 문제의 경우 한붓 그리기로 사고가 진행되는 게 가장 이상적인 형태지만 적어도 다리의 개수와 관계된 문제라는 사실과, "이 문제와 산책 코스의 길이는 상관이 없다.", "직접 산책 코스를 돌아보는 것보다는 지도 위에서 문제를 진행하는 편이 좋다." 따위의 사실을 깨닫는다면 그것만으로도 충분하다. 사고력을 키우기 위해서는 언제나 폭넓게 생각하는 자세를 가져야 한다.

4. 다른 과목을 소홀히 여겨서는 안 된다

어머니들 중에 아이가 산수 성적이 나쁘다고 계산 연습만 열심히 시키는 사람이 있다. 물론 계산 연습은 꼭 필요하고, 확실히 계산 연습이 부족한 경우도 있다.

예를 들어 피아노 연습을 하는 경우, 악보대로 정확히 치거나 어려운 곡만 계속해서 연습한다고 훌륭한 피아니스트가 될 수 있을까? 어쩌면 이런 방법이 바람직하게 느껴질 수도 있다. 하지만 다양한 곡을 연습하고 마침내 어려운 곡을 칠 수 있게 된 피아니스트와 비교하면 곡을 표현하는 느낌에서 미묘한 차이가 있음을 알 수 있다.

흔히 "목적이 있기 때문에 곁눈질하지 않는다."는 말을 하지만 "목적이 있기 때문에 곁눈질을 한다."는 식으로 발상을 전환하는 경우가 옳을 때도 있다. 수학을 잘하기 위해서는 관찰력과 사고력이 필요하다고 이미 여러 번 이야기했다. 국어와 이과 계열의 과목은 사고력을 향상시키고, 기분 전환을 시키는데 매우 큰 도움이 된다. 국어는 독해력과 요약 능력을 길러주는데 이것이 바로 사고력이라고 할 수 있다. 수학은 여러 과목을 고루 공부해야 비로소 향상될 수 있다는 점을 잊지 말도록 해야 한다.

5. 스스로 체험하라

이제까지의 이야기와 역시 관련된 내용을 소개하겠다. 관찰력을 키우기 위해서는 실제로 자신의 손으로 만지고, 눈으로 보고, 귀로 들어서 체험하는 것이 좋다. 확실히 요즘 아이들은 스스로 체험할 수 있는 기회가 별로 없다. 어느 모임에서 지구과학 선생님이 "흙장난을 해본 적도 없는 학생들에게 지구과학을 가르치려니 너무 힘들다."며 한탄한 적이 있다.

앞에서 수학은 종이 위에서 생각할 수 있다고 했는데 사고력의 바탕에 깔려 있는 것이 바로 관찰이다. 즉, 관찰을 통해서 책에 쓰여 있지 않은 미묘한 차이점을 발견할 수 있고 "약간의 오차는 무시하는 경우도 있다."는 점을 터득할 수 있다.

또한 중요한 사실은 체험을 통해서 사고력이 향상된다는 것이다. 실제로 나타난 현상을 보고 여러 가지 예측을 하기도 하고 계산을 하면서 스릴과 재미를 느낄 수도 있다. 어떤 사람은 학창 시절에는 너무 싫어서 견딜 수 없었던 프로그래밍이 막상 프로그래머가 된 후에 일을 할 때 필요하게 되자 재밌어졌다는 이야기를 하기도 했다.

지금부터 스스로 수학의 세계에 발을 들여 놓아 보자.

8장 | 수학적인 두뇌 사용법이란 무엇인가?

두루마리 휴지의 길이를 측정하기 위해서는?

지금부터는 구체적인 문제를 통해 생각해 보자.

나는 두루마리 휴지의 길이를 측정하는 문제를 대학 시절 축제 기간에 처음으로 알게 됐다. 이 문제는 내 스스로에게 던진 "수학은 무엇인가?"라는 질문에 방향을 제시해 주었고, 그후 나는 대학 교수로서는 최초로 이 문제를 인용했다. 또한 내가 쓴 책에도 몇 번 소개하기도 했다.

이 문제는 명문 중학교의 입시와 공무원 시험에 출제되어 널리 알려지게 됐다. 사실은 이번에 개정된 학습지도요령의 수학 기초 예시에도 이 문제가 실려 있다.

그래서 너무 유명해진 문제이긴 하지만 이 책의 주제에 비추어 볼 때 역시 이 문제부터 이야기를 시작하는 것이 좋겠다는 생각을 했다.

수업 시간에 가능하다면 실물 크기의 두루마리 휴지를 들고 "이 두루마리 휴지의 길이를 측정하기 위해서 어떻게 하는 것이 좋을까?"라고 묻는 게 좋다. 그러나 실제로 수업 전에 화장실에 가서 두루마리 휴지를 들고 오는 선생님은 거의 없다.

두루마리 휴지의 길이를 측정하는 문제는 '대학 강의에서 사용했다'고 해도 중학교 입시 문제에도 나왔기 때문에 초등학생이라도 풀 수 있는 수준이라고 할 수 있다.

|문제|

그림과 같이 휴지의 두께가 0.02cm인 두루마리 휴지가 지름 10cm의 중심축에, 지름 20cm의 크기로 감겨져 있다. 두루마리 휴지의 전체 길이를 구하라.

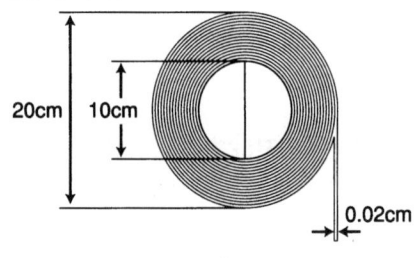

(힌트 1)

답을 구하고, 푸는 방법도 여러 가지 생각하라.

(힌트 2)

반지름 r의 원둘레의 길이는 $2\pi r$ 이고, 원의 넓이는 πr^2 이다.

이 문제를 푸는 방법은 다양하게 존재한다. 지금부터 순서대로 하나하나 살펴보겠다.

〈해법 1〉

실제로 두루마리 휴지를 꺼내고 휴지를 모두 풀어, 그 길이를 측정한다. 이 방법은 사람들이 가장 선호하지만 문제에 나오는 것과 똑같은 크기의 두루마리 휴지를 구하기는 쉽지 않다. 따라서 종이와 연필을 사용해서 문제를 계산하는 방법을 생각하게 된다.

〈해법 2〉

이 두루마리 휴지가 동심원에 감겨져 있다고 생각하라. 지름은 가장 바깥쪽이 20cm, 그 안쪽이 0.04cm 줄어든 19.96cm, 또 그 안쪽이 19.92cm, ……, 10.08cm, 가장 안쪽은 10.04cm가 된다. 제일 먼저 가장 바깥쪽 휴지의 길이를 측정한 후, 가장 안쪽의 휴지의 길이를 측정한다. 단, 이 때도 휴지의 바깥쪽 부분을 측정해야 한다.

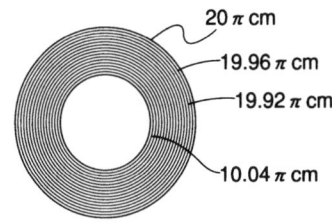

따라서 원둘레의 길이는 각각 20 πcm, 19.96 πcm, 19.92 πcm, ……, 10.08 πcm, 10.04 πcm가 된다. 요컨대 그것을 모두 더하면 두루마리 휴지의 전체 길이를 구할 수 있다.

그러므로 두루마리 휴지의 전체 길이는,

$20\pi + 19.96\pi + 19.92\pi + \cdots\cdots + 10.08\pi + 10.04\pi$ (cm)

원주율 π를 가장 뒤쪽에 놓으면,

$(20 + 19.96 + 19.92 + \cdots\cdots + 10.08 + 10.04)\pi$ (cm)

가 된다.

앗, 위의 계산은 너무 어렵지 않은가?

정말 그렇다. 실제로 계산해 보면 무척 어렵다는 사실을 알 수 있다. 왜냐하면 전체 길이 계산에서 「……」으로 생략되어 있기 때문이다. 두루마리 휴지는 반지름 5cm에서 10cm 사이에 감겨 있으므로 5cm를 0.02cm로 나누면 250겹이 나오게 된다 즉, 덧셈을 250번 해야 이 문제의 답을 구할 수 있다는 것이다.

〈해법 3〉

나는 계산이 서투르기 때문에 〈해법 2〉는 포기하고, 뭔가 좋은 방법이 없을까 궁리했다. 아무리 계산을 잘하는 사람이라고 할지라도 일일이 더하는 방법은 피하는 편이 좋다.

1장에 소개한 천재 수학자 가우스가 7살 때 생각했던 계산법을 떠올려 보자. 〈해법 2〉의 괄호 안의 식을 S로 놓아라. 그 식은 반대로 더해도 결과는 마찬가지이기 때문에 그것도 S로 놓는다. 다음과 같이 덧셈 식을 쓰고 각 항을 더해 본다.

$$\begin{array}{r} S = 20 + 19.96 + 19.22 + \cdots\cdots + 10.08 + 10.04 \\ +) \; S = 10.04 + 10.08 + 10.12 + \cdots\cdots + 19.96 + 20 \\ \hline 2S = 30.04 + 30.04 + 30.04 + \cdots\cdots + 30.04 + 30.04 \\ = 30.04 \times 250 \quad (\,30.04\text{가 } 250\text{개 있다})\end{array}$$

$2S = 30.04 \times 250 = 7510$

(정답) $S = 3755\pi(\text{cm}) = 11790.7(\text{cm}) \fallingdotseq 118(\text{m})$이다.

―――――

그런데 이 문제가 중학교 입시에 출제된다면, 〈해법 3〉은 "너무 어렵지 않은가?"라는 생각을 하는 사람도 있을 것이다.

명문 중학교를 지원하는 학생을 위해서 이런 계산법의 공식을 알려 주는 학원도 있기는 하다. 그러나 이런 공식을 배우지 않았다고 걱정

할 필요는 없다.

왜냐하면 평범한 초등학생에게 〈해법 3〉은 너무 어렵기 때문이다.

그렇다면 어떻게 이 문제를 해결하는 게 좋을까? 다음의 해법 4를 살펴보자.

〈해법 4〉

가장 일반적인 〈해법 1〉을 다시 떠올려 보자. 먼저 머릿속에 두루마리 휴지를 그려본다. 그것을 옆에서 보면 아래의 그림과 같은 형태가 된다.

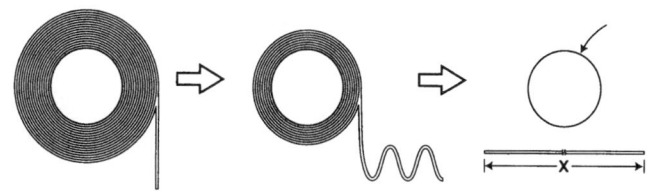

위 그림의 가장 오른쪽은 두루마리 휴지를 모두 풀어놓은 상태를 축소한 것이다. 아래 그림처럼 휴지가 감겨 있는 상태의 넓이와 모두 풀어놓은 상태의 넓이가 같다는 점에 눈을 돌려라.

그렇다면 위 그림의 동심원의 넓이는,
$10^2 \pi - 5^2 \pi = 75\pi$
직사각형 모양의 넓이는 전체의 길이를 x로 하고,
$0.02 \times x$

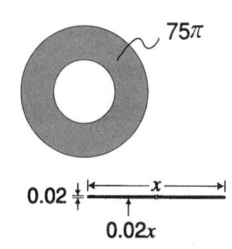

따라서, $75\pi = 0.02x$
  $x = 3750\pi$ (cm)

(정답) 약 11775(cm) ≒ 118(m)이다.

머리를 약간 사용하면 편해진다

 이제부터 두루마리 휴지의 길이를 측정하는 문제에 대한 4개의 해법에 대해서 좀더 분석해 보겠다.
〈해법 1〉은 "아직은 수학이 아니다."라고 할 수 있다. 하지만 해법 1은 "사람들이 가장 선호하는 방법이다." 과연 그 이유는 무엇일까? 길이를 측정하면 반드시 답이 나오고, 누구라도 알기 쉽기 때문이다. 또한 머리를 별로 사용하지 않아도 된다는 장점이 있다.

 반면 이 해법의 가장 큰 단점은 이 문제에 제시된 두루마리 휴지와 똑같은 것을 구하기 힘들다는 점이다. 만약에 같은 것을 구할 수 있다고 해도 "단지 길이를 측정하기 위해서 휴지를 모두 풀어놓는다면 어쩐지 아깝다."라는 생각이 든다.

 또 한가지 단점은 〈해법 1〉은 육체 노동에 속한다고 할 수 있다. 두루마리 휴지를 측정하는 게 육체 노동이라고 하면 다소 우습게 느껴질지도 모르겠다. 하지만 측정 대상이 휴지가 아니라 철사나 금속판처럼 무거운 물건이라고 가정하면 정말 보통 일이 아니다. 또한 물건에 따라서는 손으로 길이를 측정하는 것이 위험한 경우도 있다.

 이처럼 '위험'하거나 '아깝다'는 단점을 피하기 위해서 종이와 연필로 계산하는 수학이 필요한 것이다.

 그래서 등장한 방법이 〈해법 2〉로, 이것은 수학의 초기 형태라고 할 수 있다. 이 해법이 성립하는 이유는 아르키메데스가 발견한 원주율 계산이 포함되어 있기 때문이다. 그러나 〈해법 2〉에도 결점은 있다. 덧셈을 250번이나 해야 하므로 나처럼 계산이 서투른 사람에게는 불편한 방법이다.

 따라서 연구를 다시 했고 〈해법 3〉이 나오게 됐다. 이것은 '등차수열의 합'을 구하는 문제로 계산 방식을 덧셈에서 곱셈으로 쉽게 바꿨다. 하지만 초등학생에게는 〈해법 3〉 역시 어려울 것이다.

 따라서 이해하기 쉽고 계산도 편리한 〈해법 4〉가 탄생했다. 이 방법에는 넓이를 세분해서 계산하는 '적분'의 개념이 숨어 있다. 〈해법 4〉는 덧셈보다 좀더 머리를 사용해야 하는 곱셈과, 수열보다 좀더 발전된 개념인 적분이 사용되어 계산을 편리하게 만들었다.

수학적인 발전은 '머리를 약간 사용하면 편해진다'는 문장으로 표현할 수 있다.

즉, 수학은 주변 사물을 어렵게 만드는 게 아니라 쉽게 만들기 위한 학문이다.

지금까지 설명했던 내용을 도식으로 나타내면 다음과 같다.

개 념	원주율 발견 전 → 원주율 발견 → 등차수열의 합 → 적분
간단함	육체 노동 → 정신 노동·계산이 많다 → 편한 계산 → 좀더 편하게 계산
가능 연령	초등학생 → 계산기가 없으면 불편 → 고등학생 → 대학생
수학의 정도	수학이 아니다 → 초급 수학 → 중급 수학 → 고급 수학

위의 도식에서 볼 때, 오른쪽으로 갈수록 고급 수학이 되고, 점점 계산이 편리해진다는 사실을 알 수 있다. 수학은 사물을 간단하게 만드는 학문으로, 머리를 사용하면 할수록 계산과 해법이 편리해진다.

특히 두 번째 단계에서 계산이 육체노동에서 정신노동으로 바뀌는 점에 주목하라. 이 곳은 수학으로 나아가는 갈림길로, 어떤 문제를 추상화하여 현실 세계에서 종이와 연필의 세계로 옮겨가도록 했다.

9장 | 먼저 간단한 경우부터 생각하라

 입시 문제의 예문 중에는 (1), (2), (3)의 단계로 풀어야 한다고 지시하는 경우가 있다. 이런 형식의 문제에 대해 찬성과 반대, 그리고 양쪽 입장이 있다.

 먼저 반대측 의견으로는 "푸는 방법을 지시하는 일은 '이런 방법만 인정한다.'고 규정짓는 행위로 수험생의 자유로운 발상을 저해한다."는 것이 있다.

 실제로 푸는 방법을 지시해 줄 때는 복잡해 보이는 방법을 제시하는 경우가 있어 반대 의견이 설득력 있게 느껴진다. 그렇지만 어쩔 수 없이 위의 출제 형식으로 문제를 내는 경우도 있다. 문제가 어려워서 좀처럼 풀 수 없지만 그래도 수험생의 지식과 사고력을 측정하기에 적당해 보일 때가 그렇다.

 따라서 출제할 때는 "최종적으로 (3)을 목표로 하지만 (1)과 (2)도 살펴보길 바란다."라는 형식을 취한다.

 하지만 문제를 단계적으로 풀라고 지시하는 경우에도 긍정적인 측면은 있다. 어려운 문제에 부딪치면, 우선 쉬운 경우부터 풀어보고 그 방법을 어려운 경우에도 적용할 수도 있기 때문이다. 앞에서 설명한 유추가 이러한 방식이다.

유추는 수학의 중요한 감각이다. 어느 생물학자가 "수학자는 아메바의 소화 과정을 연구해서 인간의 소화 과정에 적용한다."는 농담을 한 적이 있다.

물론 실제로 그렇게 하는 수학자는 없다. 하지만 완전히 다르게 보이는 두 가지 과정 속에는 공통점이 있다. 그래서 수학자들은 그것이 무엇인지, 문제가 복잡해지면 무엇이 달라지는지를 생각하여 문제의 본질에 접근한다.

그 생물학자는 수학자가 유추를 선호하는 경향에 대해 과장해서 말한 것이다. 지금 설명한 "어려운 문제에 부딪치면, 먼저 간단한 경우로 풀어본다."는 예전부터 효과적으로 사용된 방식이다.

다시 입시 이야기로 돌아가자. 만약에 수험생이 유추를 통해 문제를 푸는 방법의 의미를 파악한다면 "최종적으로 (3)을 목표로 하지만 (1)과 (2)도 살펴보길 바란다."는 형식은 교육적으로 상당히 가치가 있다. 하지만 대부분 수험생에게 "이곳을 분기점으로 삼는다."라는 인식을 심어주는 데 그친다는 딜레마가 있다.

"입시에 나오는 수학 문제는 본래의 수학과 차이가 있다. 단지 공식을 외워서 계산할 뿐이다."라고 말하는 사람도 있다. 그러나 입시를 대비해서 배우는 수학을 수학적 사고력을 기르는 기회로 삼는다면 오히려 이 방법이 효율적일 수도 있다.

그런데 피타고라스의 정리는 많은 사람이 알고 있다.
"직각삼각형의 3변의 길이인 a, b, c (빗변의 길이 $=c$)에 대해서 $a^2+b^2=c^2$가 성립한다."는 것이 피타고라스의 정리다.

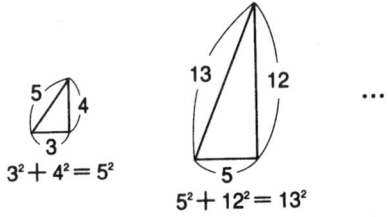

(3, 4, 5), (5, 12, 13) ……을 피타고라스의 수라고 한다.
자연수의 경우에는 성립하는데 자연수가 아닌 경우에는 어떨까?

위의 그림처럼 $a=3$, $b=4$, $c=5$ 라든지 $a=5$, $b=12$, $c=13$ 처럼 3변이 모두 정수일 때 위의 식이 성립한다는 사실은 기원전 1800년 전부터 알려져 있었다.

다만 피타고라스학파가 이 사실을 예측하고 증명했기 때문에 정수의 짝을 피타고라스의 수라고 부르게 된 것이다. 또한 수의 범위를 정수의 짝 (a, b, c)으로 넓히는 순간 '무리수의 발견'이라는 중요한 결과를 얻게 되었다. 이것이 유추의 위력이다.

이번에는 최근의 일화도 소개해 보겠다. 얼마 전 일본에서 개최된 수학 교육 국제회의의 미분적분 분과회에서 우에노 켄지(上野健爾)씨는 "일본의 학습지도요령에는 문과 계열에 지원하는 학생들이 대부분 미분을 x^3까지라고 배운다고 나와 있습니다." 라고 말했다. 그러자 그때 회의에 참석한 사람들은 매우 놀랍다는 반응을 보였다.

그 이유는 $(x)'=1$, $(x^2)'=2x$, $(x^3)'=3x^2$ 라고 하면 유추에 의해서 자연히, $(x^n)' = nx^{n-1}$ 을 알 수 있으므로 "미분을 x^3까지로 한다."는 오히려 부자연스럽기 때문이다.

먼저 간단한 경우로 문제를 풀어본 다음, 그 결과에서 다른 경우를 추측하는 유추 방법은 암기량을 줄여주며, 공부할 때 상당히 큰 도움이 된다.

그렇다면 다음의 문제를 한번 살펴보자.

> |문제|
> 자연수 n이 6자리수가 되는 것은
>   (a) $10^5 < n < 10^6$
>   (b) $10^6 < n < 10^7$
> 둘 중에 어느 쪽인가?
> 또 어느 쪽이 기호가 $\leq$가 되는가?

(사고법)

1자리수의 자연수 n은 1, 2, 3, ……, 9이므로,

$1 \leq n < 10$

이것은 $10^0 \leq n < 10^1$

2자리수의 자연수는 10, 11, ……, 99이므로,

이것은 $10^1 \leq n < 10^2$로 나타낼 수 있다.

따라서 n이 6자리수이므로 같은 식으로 생각하면,

(정답) $10^5 \leq n < 10^6$

 이런 식의 사고법을 한번 익히면 그 다음부터는 2자리수의 경우는 따져보지 않아도 1자리수의 방법으로 위와 같은 유형의 문제를 풀 수 있다. 공식을 무조건 암기하는 것보다 훨씬 쉽다고 생각하지 않는가?

 그렇다면 이번에는 유추의 사고법을 알아보기로 하자. 먼저 아래의 문제를 살펴보자.

|문제|

반지름 6cm인 구의 중심을 O라고 한다. 또한 O를 꼭지점으로 하는 원뿔이 있다. 2가지의 입체가 겹쳐진 부분 C의 부피를 구하라. 단, 그림에서 C의 밑면(구면의 일부)의 넓이는 10cm²이다.

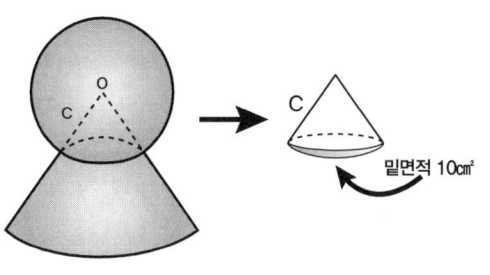

위의 문제를 풀 수 있는 공간 감각이 있다면 좋겠지만 대부분의 사람들은 순간적으로 당황하게 된다.

따라서 간단한 경우인 아래 문제부터 생각해 보자.

|문제|

반지름 8cm인 원에서 그림과 같이 호의 길이가 4cm인 부채꼴을 잘라냈을 때, 회색인 부분의 넓이를 구하라.

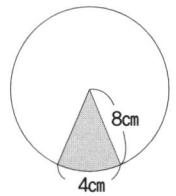

먼저 간단한 경우부터 생각하라 81

(힌트)

부채꼴의 넓이는 심이 없는 두루마리 휴지를 잘라냈을 때, 옆에서 본 그림이라고 생각하면 좋다.

〈해법〉 (부채꼴의 넓이)

아래 그림처럼 두루마리 휴지를 잘라서 바닥에 떨어뜨렸다고 가정해 보자.

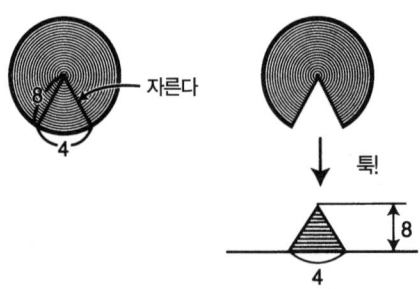

두루마리 휴지가 아주 얇은 경우, 잘라낸 부분을 바닥에 삼각형 모양으로 쌓으면 그 높이는 두루마리 휴지의 반지름과 같아진다. 또한 밑변의 길이는 호의 길이 4cm와 같아진다.

따라서 이 넓이는 $\dfrac{4 \times 8}{2} = 16 (cm^2)$

(정답) 16 cm²

위의 문제가 이해가 된다면 다시 앞의 문제로 돌아가라. 아마 간단히 풀 수 있을 것이다.

앞의 문제도 부채꼴의 넓이를 구하는 방법과 같은 식으로 생각해 보자. 즉, 구하려는 입체가 얇은 양파 껍질의 층처럼 되어 있어 한 장씩 차곡차곡 평평하게 쌓여있다고 가정해 보라(상상력이 필요한 부분이다).

〈해답〉 (부피의 문제)

이번에는 밑면의 넓이가 10 cm², 높이가 6 cm의 원뿔의 부피를 구하면 된다.

따라서 부피는 $\dfrac{10 \times 6}{3} = 20 (\text{cm}^3)$

（정답） 20 cm³

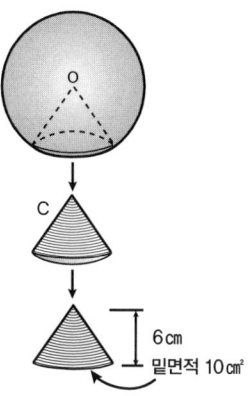

10장 | 어쨌든 손을 움직여라

9장에서 "먼저 간단한 경우부터 생각하라."고 했는데 이 말은 문제가 간단하다면 해결할 수 있다는 뜻이다.

나는 시험장에서 손을 가만히 놓고 멍하게 있는 학생을 볼 때 불안한 마음이 든다. 그래서 "연필을 쥐고, 아무 그림이라도 그려라!"라는 말을 하고 싶어진다.

반면 처음부터 아무 생각 없이 계산을 시작하는 학생도 있다. 이런 학생은 "다이로(太郎) 군은 7일 동안 7리터의 우유를 마셨다. 그렇다면 하루에 몇 리터의 우유를 마셨을까?"라는 문제의 답을 $7 \times 7 = 49$이니까 "49리터입니다."라고 대답하는 실수를 저지른다.

나는 두 학생 모두 바람직하지 못한 자세라고 본다. 어쨌든 손을 움직여서 쉽게 해결할 수 있는 방법을 생각하고 이끌어낸 결과를 직관적으로 판단하는 것이 중요하다.

다음은 직관적으로 판단해야 하는 문제로 사립 중학교(게이오 기쥬쿠(慶應義塾)대학 부속 중학교) 입시 문제를 간단히 변형했다.

|문제|

그림처럼 8개의 돌을 원형으로 늘어놓고 다음과 같은 방식으로 돌을 제거해 간다. 돌 A부터 시계 방향으로 순서대로 따져서 7번째 돌 G를 제거한다. 다음에 G의 옆에 있는 돌 H부터 시계 방향으로 따져서 7번째의 돌을 제거한다. 그럼 돌 F가 마지막에 남게 하려면 어느 돌부터 이런 순서로 계속해서 돌을 제거해야 할까? 즉, 어느 돌부터 세기 시작했을까? 단, 순서를 따질 때 제거한 돌은 포함시키지 않는다.

그림 1

우선 A부터 시작했을 때 처음에 G가 제거된 상태가 그림 2다.

다음에 G를 제거한 7개에서, H부터 세기 시작하면 7번째가 F다. F를 제거한 것이 다음의 그림 3이다.

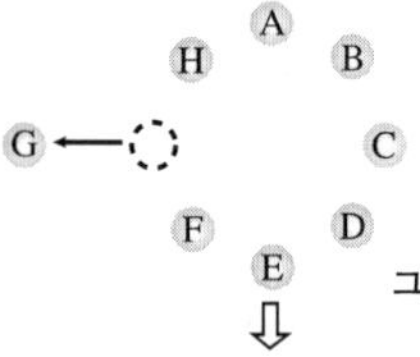

그림 2

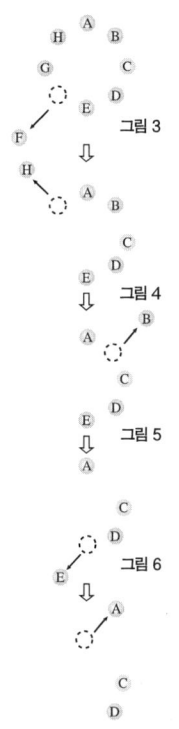

그림 3에서 F 다음은 H이므로 H부터 다시 세기 시작하면 7번째는 H가 된다.
……
이런 식으로 계속한다.

이 문제를 마지막부터 거슬러 올라가서 '제거한 돌 앞에는 무엇이 있는가'라는 식으로 생각하면 답을 발견할 수 있다. 위와 같은 문제는 실제로 손을 움직여서 순서를 따져보면 길이 열릴지도 모른다.

〈해답〉

이것이 꼭 바른 해답이라고는 할 수 없지만 아무튼 'A부터 시작해서……' 끝까지 따져보자.

H를 제거한 지점부터 다시 시작한다. 그림 4가 그 부분이다.

다음에 H 다음에 있는 A부터 센다. 그때 7번째는 B가 되고, B를 제거한 것이 그림 5다.

이번에는 B 다음인 C부터 시작해서 E를 제거한다(그림 6), 그 다음에 A(그림 7), 또한 C를 제거하면 마지막에 남는 돌은 D다. (그림 8)

그리고 처음 문제로 돌아가서 출발점 A일 때 마지막에 남은 D에 각각 펜으로 '출발점'과 '남은 돌' 표시를 해 둔다. 그리고 돌의 원형이 고급 중국 음식점의 회전 식탁이라고 생각하고 돌려라. 시계 방향으로 90° 회전시키면 '남은 돌'이 F 부분으로 온다. 그때 '출발점'은

C° 부분이 된다. 따라서 C에서 출발하면 F가 남게 된다는 사실을 알 수 있다.

즉, 출발점은 C다.

이런 식으로 결과를 조금 변형하기만 해도 답을 구할 수 있다.

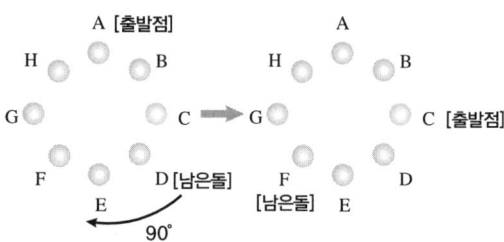

11장 | 머릿속에서 자유롭게 움직여라

한쪽으로 모아라

10장에서 "손을 움직여라."라는 조언을 했다. 그때 예로 '돌 문제'는 실제로 바둑돌이나 카드를 이용해서 대상을 움직일 수 있다. 또한 이런 방법이 효과적인 경우도 있다.

그러나 현실적으로 문제가 되는 것은 너무 커서 움직일 수 없는 물건이나 그림을 그려서 해결하고 싶지만 지나치게 구조가 복잡한 경우라고 할 수 있다. 그럴 때는 머릿속에서 움직여 보면 된다. 아무리 거대한 물건이라고 할지라도 머릿속에서는 얼마든지 자유롭게 움직일 수 있다.

한편 '기하학은 나일강의 선물'이라는 말이 있다. 고대 이집트의 나일강은 일년에도 몇 번이나 범람했고 그때마다 땅의 형태와 넓이를 다시 측량해야만 했다. 그렇기 때문에 땅의 형태와 넓이를 측정하는 기하학이 탄생할 수 있었던 것이다. 유프라티스강과 티그리스강 유역에서 발달한 메소포타미아 문명의 경우도 마찬가지라고 할 수 있다. 이들 지역에서 처음으로 고급 수학이 발전했던 것은 결코 우연

이 아니다.

고급 수학 안에는 직각삼각형의 3변의 길이의 비율에 관한 '피타고라스의 정리'도 포함되어 있다. 이렇듯 땅을 측량하는 문제는 수학의 탄생과 깊은 관계가 있다. 그렇다면 땅에 관한 문제를 살펴보자.

|문제|

그림과 같이 가로 255m, 세로 45m인 직사각형의 주택지가 있다. 이 땅에 가로 방향과 약간 경사진 세로 방향의 그림과 같은 길을 만들었다. 이 땅의 넓이를 구하라.

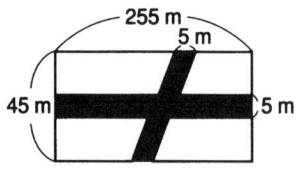

이 문제는 사실 초등학생을 대상으로 하는 문제로 너무 쉽다고 생각할지도 모르겠다. 아무튼 어떻게 하면 쉽게 문제를 해결할 수 있을지 생각해 보자.

처음에 이 문제를 접하는 초등학생은 다음 순서대로 푸는 경우가 많다. 우선 길을 만들기 전인 땅의 전체 넓이를 계산한다. 그 넓이는 45×255가 된다. 그리고 2개의 길 넓이를 각각 뺀다. 즉, 가로 길인 255×5와 세로 길인 45×5를 뺀다. 마지막으로 2개의 길이 겹쳐진 부분의 넓이인 5×5를 더한다. 위의 내용을 식으로 나타내면 다음과 같다.

45×255 - 255×5 - 45×5 + 5×5

물론 이 식은 옳다. 하지만 여기서 만족해서는 안 된다. 왜냐하면 이런 방식으로 생각하면 마지막에 5×5를 더하는 것을 빠뜨리기 쉽기 때문이다. 또한 앞에서 설명했던 '아무 생각 없이 계산을 시작하는 학생'이 저지르기 쉬운 방법이기도 하다.

(힌트)

"넓이는 변하지 않게 하고, 모양만 변형시키면 계산이 쉬워지지 않을까?"라는 사고법을 이용하라.

〈해답〉

우선 길을 잘라낸 땅의 부분을 왼쪽과 위로 모은다. 그렇게 하면 '길'이 사라진 직사각형이 된다.

즉, $40 \times 250 = 10000(㎡)$,
(정답) $10000(㎡)$ 계산이 이렇게 간단해진다.

시간이 아깝다고 바로 계산하지 말고 약간만 생각해서 위의 방법으로 계산해라. 그러면 어느 정도 시간을 절약할 수 있다. 이 문제를 풀

때는 마지막에 겹쳐진 부분의 면적 5×5를 더하는 과정을 잊기 쉽다고 했다. 그렇지만 위의 그림처럼 모양을 변형한 후 직사각형의 넓이를 구하면 문제가 간단해지므로 실수할 염려가 없다. 또한 계산량이 줄어들며 문제가 확실히 쉽게 느껴진다. 수학은 "쉽게 푼다."가 기본이다. 이 문제에서는 "한쪽으로 모아라."라는 사고법을 이용했는데 이와 비슷한 형태의 문제는 상당히 많이 있다.

다음의 그림에서 땅을 한쪽으로 모았을 때 길의 양끝을 붙일 수 있는 선의 형태에 주목하라. 가로로 된 길의 길이는 왼쪽 위의 블록과 접한 부분(굵은 선)과 왼쪽 아래의 블록과 접한 부분(굵은 점선)의 길이와 다르다. 따라서 경사진 길의 양끝 부분이 붙어서 생기는 선은 아래의 그림처럼 일직선이 되지 않는다.

다음은 좀더 현실적인 문제다. 여러분은 부동산 회사의 사원이고, 아래 그림은 땅을 분양할 때 사용되는 분양지의 형태다.

|문제|

그림과 같은 땅의 경우에는 어떻게 넓이를 구하면 좋을까?

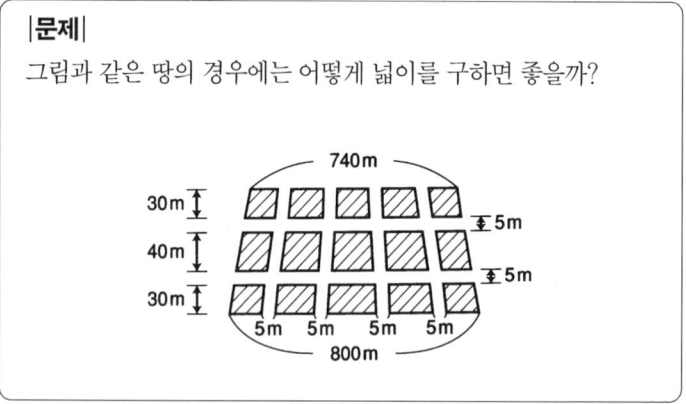

〈힌트〉

 이 그림은 길의 개수가 많지만, 기본적으로는 앞의 문제와 같은 형태라고 할 수 있다. 하지만 이 땅의 모양은 직사각형이 아니다. 그렇다면 땅을 한쪽으로 모으면 어떻게 될까? 옆 변은 아래의 그림처럼 일직선이 되지 않는다. 왜냐하면 이 문제에서는 앞에 나온 문제인 경사진 길의 사선과 마찬가지로 가로로 된 길의 길이가 위쪽은 720m, 아래쪽은 780m로 다르기 때문이다.

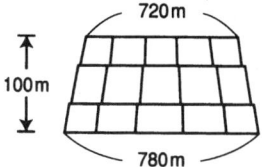

 이렇게 되면 계산이 다소 어려워진다. 그럼 좀더 간단하게 바꿀 수는 없을까?

〈해답〉

 이 문제 역시 한쪽으로 모으는 것은 마찬가지다. 즉, 넓이는 바꾸지 않고 다음 그림처럼 모양을 변형했다. 그러면 가로의 길이가 $(720+780) \div 2 = 750$인 직사각형이 되고 이제 쉽게 계산할 수 있게 변형됐다.

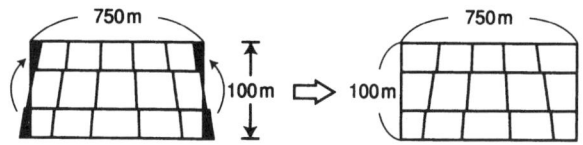

 분양지의 넓이는 $750 \times 100 = 75{,}000 \text{m}^2$
 (정답) $75{,}000 \text{m}^2$

|문제|

한 변의 길이가 10cm인 정삼각형이 있다. 그 안에 있는 임의의 점 P를 지나고 각 변에 평행인 직선을 각각 세 개 그은 후, 꼭지점 A와 가까운 부분에 이들 직선과 평행인 직선을 일정하게(1cm) 그어 보아라. 이 때 회색 부분의 면적은 어떻게 될까? 보기 중에 알맞은 답을 선택하라.

(1) 14cm
(2) 16cm
(3) 18cm
(4) 20cm
(5) 24cm

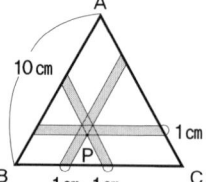

〈해법 1〉

아래 그림처럼 조각을 위쪽과 왼쪽으로 모으면, 회색 부분 이외의 부분은 한 변의 길이가 8cm인 정삼각형이 된다.

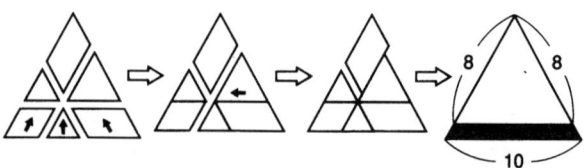

따라서 전체 넓이에서 정삼각형의 넓이를 빼면 회색 부분의 넓이가 나온다.

한 변의 길이가 a인 정삼각형의 넓이는 $\dfrac{\sqrt{3}}{4}a^2$ 이므로,

$$\frac{\sqrt{3}}{4}10^2 - \frac{\sqrt{3}}{4}8^2 = 9\sqrt{3} \text{ (cm}^2\text{)} ≒ 16 \text{(cm}^2\text{)}$$

(정답) (2) 16cm²

〈해법 2〉

해법 1과 조각을 한쪽으로 모으는 것은 같지만 좀더 쉽게 사다리꼴의 넓이를 구하는 사고법을 이용했다.

사다리꼴의 넓이를 구하는 공식 $= \dfrac{\text{높이} \times (\text{윗변} + \text{아랫변})}{2}$

피타고라스의 정리에 따라 높이는 $\sqrt{3}$이 된다.

따라서 면적 $= \dfrac{\sqrt{3}\,(10+8)}{2} = 9\sqrt{3} = 16\,(\text{cm}^2)$

(정답) (2) 16cm²

(보충)

정말 이렇게 정확하게 한쪽으로 모을 수 있을까? 앞에서 나온 직사각형의 경우처럼 비뚤비뚤한 삼각형이 만들어지는 것은 아닐까? 이런 의문을 해결하기 위해서는 도형이 딱 들어맞지 않는 경우, 왜 그런지 확실히 이해하는 것이 중요하다.

경사진 길을 모았을 때 사선이 일직선이 되지 않는 이유는 길 양끝의 변의 길이가 다르기 때문이다. 이는 이미 11장 첫 부분에서 소개했다. 이 경우에는 각 길의 양쪽 변이 평행사변형과 마주하는 변과 길이가 일치하면 한쪽으로 모았을 때 정확하게 길이가 들어맞는다.

'초과된 부분만큼 빼는' 원리

넓이를 구하는 문제는 이와 비슷한 형태가 상당히 많다. 다음 문제를 잘 이해하면 편리하게 응용할 수 있다.

|문제|
그림에서 회색으로 칠해진 부분의 면적을 계산하라.

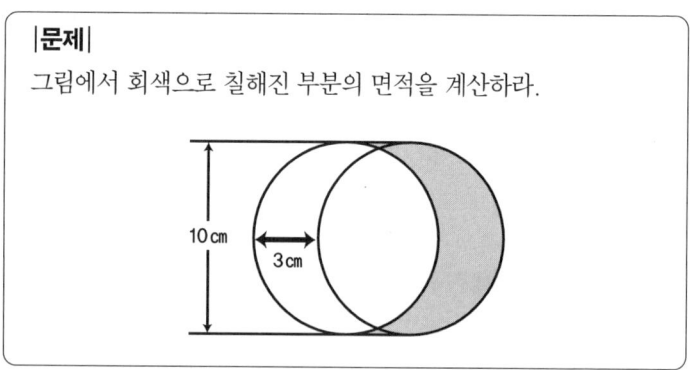

〈자주 사용되는 해법〉

아래 그림처럼 전체 도형의 넓이에서 원의 넓이를 빼면 구하려는 넓이가 나온다.

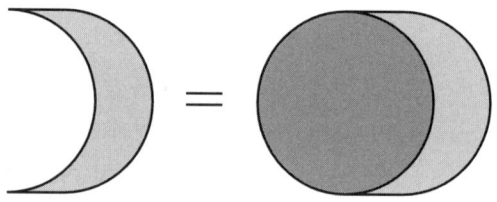

이 문제에서는 원의 넓이를 빼면 회색으로 칠해진 부분의 넓이를 구할 수 있다. 따라서 아래의 그림처럼 원을 2개로 나누고, 반원 2개를 양쪽 끝으로 붙인 다음 가운데 부분인 직사각형의 넓이를 구하면 된다.

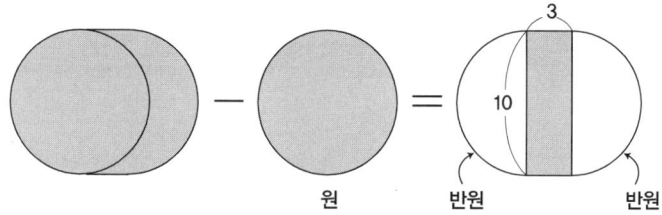

따라서 구하는 넓이는 $10 \times 3 = 30 (cm^2)$

(정답) $30 cm^2$

위의 '자주 사용되는 해법' 그런 대로 괜찮지만 이번 장에서 소개한 "한쪽으로 모아라."라는 사고법을 이용해 보자.

(힌트)

이 상태에서는 이해하기 어려우므로 문제의 원에 직사각형을 붙이고 아래 그림처럼 도형을 이동시킨다.

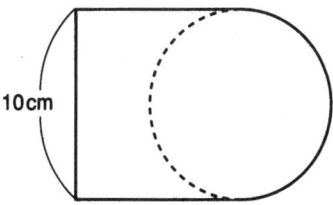

〈해답〉

위의 도형을 3cm 이동하면 오른쪽에는 계산하고 싶은 도형이 나타난다. 반대로 왼쪽에는 직사각형이 나타난다. 오른쪽 도형이 초과된 분량만큼, 왼쪽 도형을 뺐다고 생각하면 된다.

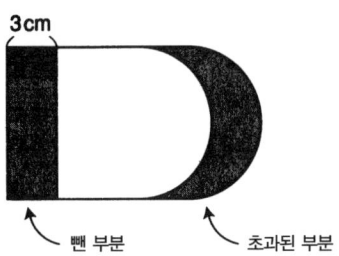

↙ 뺀 부분   ↙ 초과된 부분

따라서 구하는 넓이는 $3 \times 10 = 30$(cm²)

(답) 30cm²

이런 식으로 간단하게 회색 도형의 넓이를 구할 수 있다.

이처럼 도형의 넓이는 그대로 두고 형태만 변형하면 쉽게 계산할 수 있다. 위 그림의 오른쪽에 있는 초승달 모양의 부분은 왼쪽의 직사각형으로 멋지게 이동한 것이다.

수학에서는 이런 사고법을 '카발리에리(Cavalieri)의 원리'[22]라고 한다. 카발리에리의 원리는 카펫을 재단할 때 사용하는 '게이지(gauge)원리'[23] 즉, 아래 그림처럼 종이 파이프로 인해 줄어든 부분이 바깥쪽으로 나오는 원리와 비슷하다.

---

22) 경계면(境界面)으로 둘러싸인 두 입체 V, V'를 하나의 정해진 평면과 평행인 평면으로 자를 때, V, V'의 내부에 있는 잘린 부분의 넓이의 비(比)가 항상 m : n이면 입체 V, V'의 부피의 비도 m : n 이다. 만일 m : n=1 : 1이라면, V, V'의 부피는 서로 같다

23) 일정한 넓이 안에 들어가는 뜨기코의 평균 밀도. 일반적으로 사방 10 cm 안의 코수와 단수를 잰다.

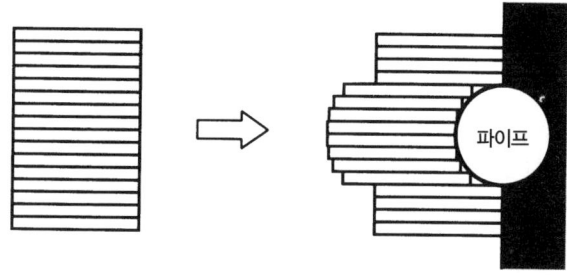

종이 파이프

위의 그림은 종이 파이프 형태에 맞춰 변형은 자유롭게 할 수 있지만 넓이는 언제나 일정하다는 사실을 보여준다. 즉, 넓이는 하나 하나 가는 실의 길이에 의해 결정되는데 이것은 '적분'의 사고법이라고 할 수 있다. 적분은 계산을 편리하게 하려고 탄생했다. 이 점에 대해서는 나중에 다시 설명하겠다.

위의 문제에서 사용된 '초과된 분량만큼 빼는 원리'는 일상 생활과 다양한 사회 현상에서 찾아볼 수 있다.

예를 들어 '전기의 흐름에 관한 전류의 법칙'이 가장 대표적이다. 들어간 전류와 같은 분량의 전류가 나온다는 원리로 '초과된 분량만큼 빼는 원리'가 똑같다.

또한 '에너지 보존 법칙'도 마찬가지다. 높은 곳에서 스키를 타면 속도가 붙는데 이는 위치 에너지가 운동에너지로 전환된 것이라 할 수 있다.

자연 과학 이외의 분야에서는 소비세에 관한 논의가 있는데 이때 이런 사고법을 사용하면 매우 쉽게 이해할 수 있다. 예전에 일본의 대장성(大藏省 - 우리나라의 재정경제부에 해당)의 고위 간부가 "소비세를 도입하면 중산층과 고소득층은 세금을 줄일 수 있다(실제로 이 의견에 동의하는 사람도 있다). 또한 저소득층이 세금을 많이 내지 않도록 조처하겠다. 그 누구에게도 부담을 주지 않겠다."는 주장을 했다. 그는 또 "고령화 사회를 대비해서 세금의 재원을 확보하겠다."는 새로운 소비세 도입의 취지를 밝혔다.

이런 말이 진실이라고 생각하는 사람은 '초과된 부분만큼 빼는 원리'를 다시 한번 생각하라. 왜냐하면 중산층과 고소득층에서 적게 내는 세금은 저소득층에서 더 낼 수밖에 없기 때문이다.

또한 "살찌지 않기 위해서는 먹은 만큼 몸밖으로 배출해야 한다."는 다이어트 방식은 '초과된 부분만큼 빼는 원리'를 응용한 것이다. 다만 문제는 어떻게 배출하느냐에 달렸다.

사람 + 음식 − 화장실 = 0

다이어트법에 대한 논쟁은 이 자리에서는 하지 않겠다. 아무튼 수학 이론이 여러 분야와 연결된 것은 수학이 추상화되었기 때문이라는 사실을 꼭 기억하길 바란다. 교육관계 심의회에서 "수학은 추상화되어 이해하기 어렵다."는 논쟁이 진지하게 이루어졌다. 그러나 수학을 추상화함으로써 비로소 어떤 도형의 넓이도 쉽게 계산할 수 있고 세상에서 일어나는 다양한 현상도 종합적으로 바라볼 수 있는 시야를 가질 수 있게 된다.

'피타고라스의 정리'의 증명

11장 첫 부분에 '피타고라스의 정리'에 대한 이야기를 했는데 이것에 대한 보충 설명을 지금부터 하겠다. '피타고라스의 정리'는 다음과 같다.

그림의 직각삼각형의 3변의 길이에 대해,
 $c^2 = a^2 + b^2$ ($c=$ 빗변)가 된다.

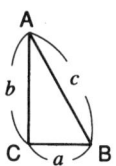

'피타고라스의 정리'의 증명에도 '카발리에리의 원리'가 사용되었다. 직각삼각형의 한 변의 길이의 제곱은, 그 변을 한 변으로 하는 정사각형의 넓이와 같다. 따라서 2개의 작은 정사각형의 면적의 합은 직각삼각형의 빗변에 있는 커다란 정사각형의 넓이와 같다는 사실을 증명하면 된다.

즉, 정사각형 CBED가 직사각형 JBHK으로 변형되고, 정사각형 AFGC가 직사각형 AJKI로 변형된다는 사실을 증명하면 된다. 여기에서는 정사각형 CBED가 직사각형 JBHK로 변형되는 것만 증명하겠다.

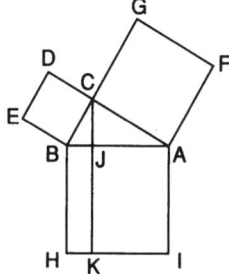

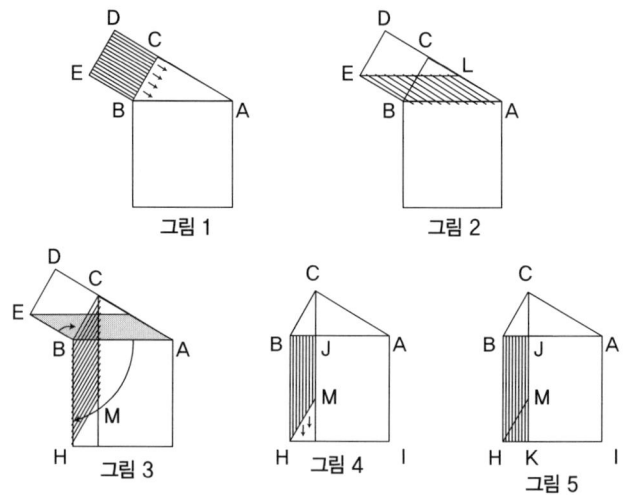

그림 1
그림 2
그림 3
그림 4
그림 5

(1) 우선 정사각형 CBED를 길게 직사각형으로 잘라 순서대로 움직이고, 평행사변형 ABEL로 변형한다. (그림 1 s그림 2)
(2) 이것을 90°회전해서 평행사변형 HBCM으로 만든다. (그림 2 →그림 3)
(3) 평행사변형 HBCM을 다른 방향으로 가늘게 자른다. (그림 4)
(4) 가는 직사각형을 순서대로 움직여서 직사각형 JBHK로 변형한다. (그림 4→그림 5)

이렇게 하면 직사각형이 길게 자른 직사각형의 끝이 일정하지 않을 거라고 생각하는 사람도 있을 것이다. 하지만 직사각형을 아주 가늘게 자르면 그렇지 않다. 수학에서는 사소한 부분에 얽매이지 말고 '가늘게 자른다.'는 이미지를 머릿속에 그리는 작업을 하는 것이 중요하다. 피타고라스의 정리에 대한 증명은 다음 기회에 또 설명하기로 하자.

두루마리 휴지를 묶은 끈의 길이는 얼마인가?

다음은 어떤 부분을 이동하고 도형을 변형시켜서 간단하게 만드는 문제의 또 다른 예다.

|문제|
아래 그림처럼 반지름이 10cm인 두루마리 휴지를 끈으로 단단히 묶었다. 그렇다면 이 끈의 길이는 몇 cm일까?

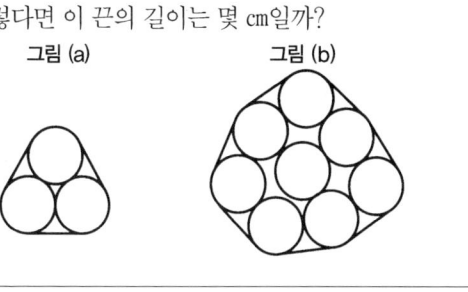

그림 (a)   그림 (b)

(힌트 1)

"(a)의 경우에는 두루마리 휴지와 끈이 접하고 있는 부분의 원호의 중심각이 120°이므로 간단하다. 하지만 (b)의 경우는 어렵다."고 생각한다면 좀더 연구해 보길 바란다. 왜냐하면 양쪽 다 같은 사고법으로 풀 수 있기 때문이다.

(힌트 2)

그림 (b)의 각 부분을 계산하면 호의 중심각을 구할 수 있다. 그런데 전체를 잘 살펴보면 쉬운 방법이 떠오를 것이다.

〈해답〉

먼저 그림 (a), (b)는 호 부분과 직선 부분으로 나누어 생각할 수 있다. 끈이 직선 부분과 호 부분에 둘러져 있는데 호 부분을 한쪽으로 모으면 원이 된다는 사실을 알 수 있다. 직선 부분은 원의 반지름이 10cm이므로 그림과 같이 20cm라는 사실을 알 수 있다.

이 문제에 대해서는 이 책 끝 부분에 다시 한번 설명하겠다.

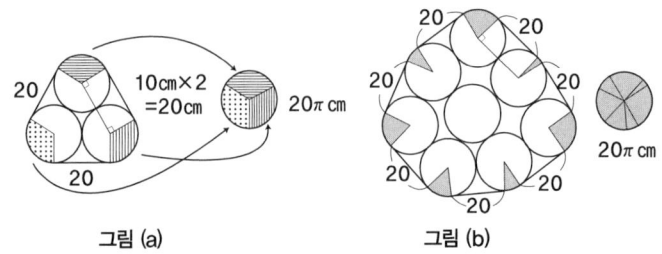

그림 (a)   그림 (b)

따라서 호 부분의 길이는 (a)와 (b)가 모두 20π(cm)다. 한편 직선 부분은 {개수}×20(cm)라는 사실을 알 수 있다.

그러므로 (a)는,

$20\pi + 20 \times 3 = 60 + 20\pi\,(\text{cm})$

또한 (b)는,

$20\pi + 20 \times 7 = 140 + 20\pi\,(\text{cm})$

가 된다.

이 문제에서 끈의 길이를 구하려면 우선 호 부분과 직선 부분으로 나누어 생각해야 한다. 호 부분을 한쪽으로 모으면 결국 호의 길이가 원둘레와 같음을 알 수 있다.

그렇다면 이 문제는 끈과 호 부분이 접하는 상태, 즉 두루마리 휴지들끼리 서로 접하고 있는 상태라고 할 수 있다. 그런데 이 때 중요한 것은 바깥쪽에 있는 두루마리 휴지의 개수라고 할 수 있다. 즉, 문제 (b)의 경우에는 바깥쪽 두루마리 휴지 7개가 문제의 핵심으로, 안쪽에 있는 두루마리 휴지 1개는 끈의 길이를 구할 때 아무런 상관이 없다. 따라서 두루마리 휴지를 끈으로 묶은 경우 끈의 길이는 끈의 바끝쪽에 접하고 있는 휴지의 개수를 세면 쉽게 알아낼 수 있다.

이 문제는 길이를 변경하지 않고 곡선 부분을 한쪽으로 모아 계산하면 된다. 이렇게 하면 이해하기가 쉽고 문제의 본질을 파악할 수 있다.

또한 "호 부분을 모두 더하면 하나의 원둘레가 된다."는 사실은 앞으로 나올 '연필 돌리는 법'에서 답을 쉽게 구하는 데 사용된다(20장을 참조하라).

12장 | 간단하게 다시 만들어라

9장에서 "먼저 간단한 경우부터 생각하라"라는 사실을 소개했다. 이것과 비슷한 형태로 지금부터 설명할 "간단하게 다시 만들어라."가 있다. 앞의 경우에는 수학을 극단적으로 작게 만들거나, 차원을 낮춰서 상황을 추측하는 내용이었다. 즉, 문제가 간단한 경우라면 어떻게 될지 생각한 후, 어려운 문제에 적용해서 푸는 방식이다.

그러나 이번에는 그렇게 유추의 사고법을 이용하는 것이 아니라 정말로 문제를 간단하게 만드는 형식이다.

귀납법으로 증명할 때도 이런 형식을 사용한다. 귀납법은 자연수 n의 명제에서 "먼저 $n=1$이라는 사실을 증명한 후, $n=k$를 전제로 해서 $n=k+1$을 증명하는 방법이다." 이것은 $n=k+1$을 $n=k$라는 결론에 이르게 한다.

별 모양인 다각형의 내각의 합을 구하라

그렇다면 지금부터 각도에 관해서 알아보자.

별 모양 다각형은 아래 그림과 같다(삼각형은 내각을 설명하고 다른 도형과 비교하기 위해서 그렸다). 이처럼 n이 홀수인 경우 n의 값이 아무리 크더라도 얼마든지 별 모양의 n각형의 도형을 만들 수 있다.

별 모양 다각형의 내각의 합은 삼각형 A+B+C 에 대응한다. 즉, 별 모양 오각형은 D+E+F+G+H 이고, 별 모양 칠각형은 I+J+K+L+M+N+P 가 삼각형에 대응한다.

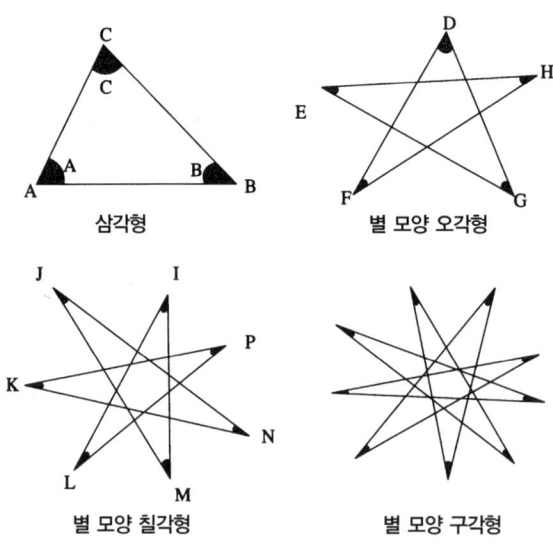

그럼 다음 문제를 풀어 보자.

|문제|

위의 그림과 같이 만들어진 별 모양 오각형, 별 모양 칠각형, 별 모양 구각형, 별 모양 십일각형, ……의 내각의 합은 각각 얼마일까?

〈힌트〉

먼저 쉬운 별 모양 오각형과 별 모양 칠각형부터 생각하고 그 결과에서 별 모양 구각형, 별 모양 십일각형, ……이 어떻게 될지 유추해 보자. 이런 형식에 대해서는 이미 9장에서 설명했다. 우선 별 모양 오각형부터 생각해 보자.

〈해답〉

별 모양 오각형의 내각의 합을 구하기 위해서 아래 그림처럼 보조선 FG를 그어 본다.

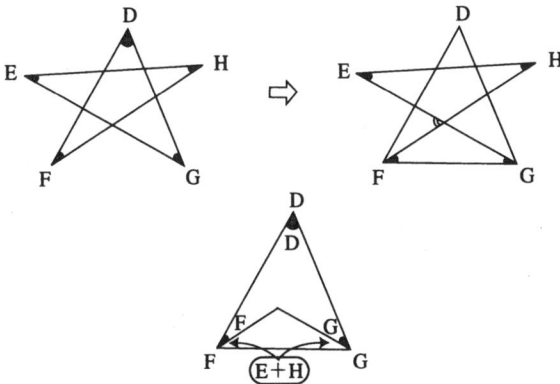

그렇게 하면 다음의 식이 성립된다.

  E+H = ∠HFG + ∠EGF

따라서 D+E+F+G+H는 삼각형 DFG의 내각의 합과 같아지고, D+E+F+G+H=180°가 된다.

다음은 별 모양 칠각형이다. 이것은 보조선 JP를 그어 생각할 수 있다.

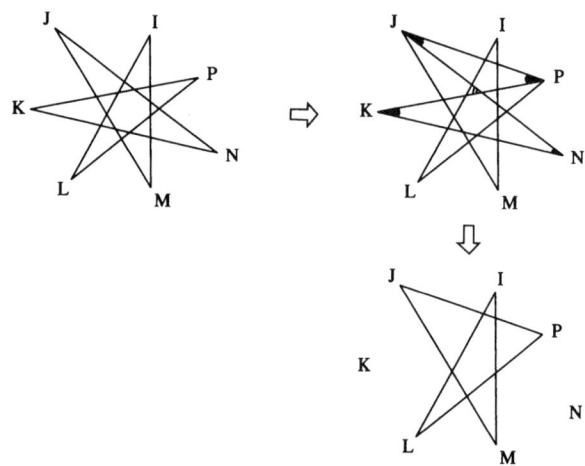

보조선 JP를 그으면 다음의 관계가 성립한다.

K + N = ∠JPK + ∠PJN

이제부터 구하는 내각의 합은 새로운 별 모양의 오각형 IJLMP의 내각의 합으로 이것이 $180°$ 사실은 이미 앞에서 설명했다.

여기까지 증명하면 다음은 설명하지 않아도 "별 모양 구각형은 별 모양 칠각형과 같은 결론을 얻을 수 있고, 별 모양 구각형의 내각의 합은 $180°$"라는 사실을 알 수 있다. 즉, 각이 홀수인 별 모양 다각형의 내각의 합은 $180°$이다. 이런 식으로 생각하는 것이 바로 수학적으로 머리를 움직이는 사고법이다.

위의 설명을 통해서 삼각형은 각이 홀수인 별 모양 다각형의 초기 형태임을 알 수 있다. 즉, "간단하게 다시 만들어라."라는 사고법은 수학의 근본이 되는 성질을 발견하는 것이다.

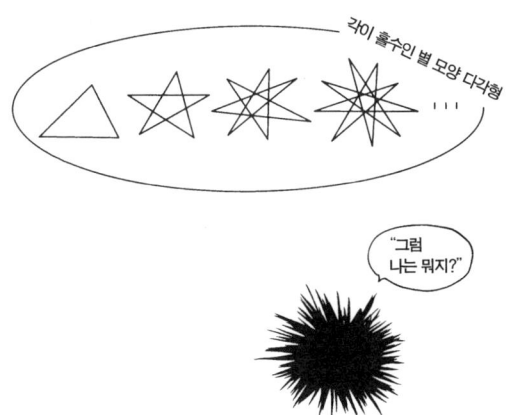

각이 홀수인 별 모양 다각형의 각도에 대한 계산은 나중에 다시 설명하겠다.

그렇다면 이제 "각이 홀수인 별 모양 다각형은 있는데 각이 짝수인 별 모양 다각형은 없을까?"라는 의문이 생길 것이다. 이런 의문은 '지적 탐구심'이라고 할 수 있다. 수학적으로는 당연하지만 나중에 설명할 '일반화'의 항목과 깊은 관련이 있다.

그래서 나는 그림과 같은(정말 억지로) 각이 짝수인 별 모양 다각형을 만들어 봤다. 이 문제는 고등학교 입시와 공무원 시험에 출제된 적이 있다

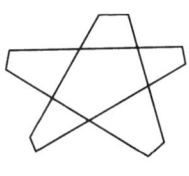

별 모양 십각형

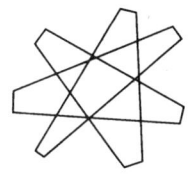

별 모양 십사각형

|문제|
위 도형들의 내각의 합은 어떻게 되는가?

 우선 예측을 세워 보자. 답이 맞으면 단순히 기뻐하면 되고, 틀리더라도 그렇게 신경 쓸 필요는 없다. 예측의 효과에 대한 자세한 설명은 다음 기회로 미루겠다.

〈해답〉

 각이 홀수인 별 모양 다각형의 내각의 합이 180°이므로 각이 짝수인 별 모양 다각형의 내각의 합은 360° 또는 훨씬 더 큰 720° 정도가 되지 않을까, 라는 예측을 하는 사람이 있을 것이다.
 하지만 아쉽게도 각이 짝수인 별 모양 다각형의 내각의 합은, 각이 홀수일 때와 달리 일정하지가 않다. 이미 여러 번 말했지만 예측은 어디까지나 예측이므로 빗나간다고 해서 실망할 필요는 없다.
 이 문제는 "간단하게 다시 만들어라."의 전형적인 예라고 할 수 있다.
 즉, 각이 짝수인 별 모양 다각형은 아래 그림처럼 각이 홀수인 별 모양 다각형의 날카로운 부분을 잘라내면 생긴다.

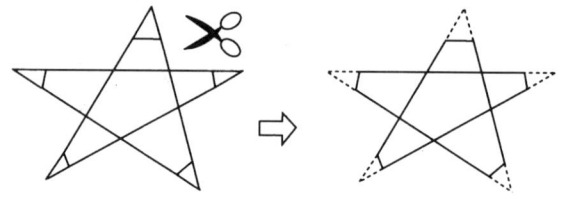

 반대로 주어진 각이 짝수인 별 모양 다각형의 모서리에 삼각형을 붙이면, 각이 홀수인 별 모양 다각형이 된다. 따라서 각이 홀수인 별

모양 다각형의 내각의 합이 180°인 사실을 이용하면 별 모양 십각형과 별 모양 십사각형의 내각의 합을 쉽게 구할 수 있다.

간단한 경우부터 시작하라는 원칙에 따라 우선 별 모양의 십각형의 내각을 계산해 보겠다.

별 모양 십각형(각이 짝수인 별 모양 다각형)의 내각의 합을 T라고 한다. 이 도형에 삼각형 5개를 붙이면 별 모양 오각형(각이 홀수인 별 모양 다각형)이 된다. 그렇게 하면 별 모양 십각형과 변형시킨 도형의 전체 각도는,

T + 180° × 5 ······①가 된다.

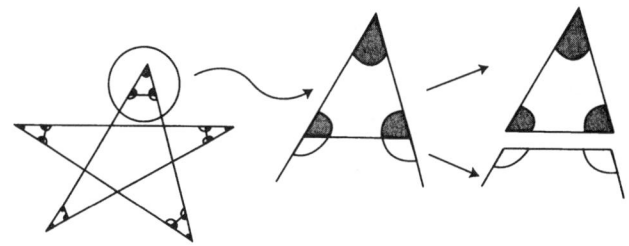

삼각형의 내각의 합 180°인 별 모양 십각형의 내각 2개, 또한 이것은 별 모양 십각형의 각 꼭지점에서 180° 각 10개와 새로운 별 모양 오각형의 내각 5개로 나눌 수 있다. 이것은 다음의 식으로 나타낼 수 있다.

180° × 10 + 180° ······②

위의 ①과 ②의 각도는 같기 때문에

T + 180° × 5 = 180° × 10 + 180°

따라서 T = 180° × 10 + 180° - 180° × 5

= 180° × 6

= 1080°

(정답) 1080°

이 방법은 별 모양 십사각형에도 적용된다.

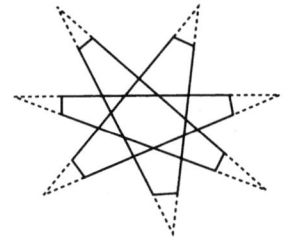 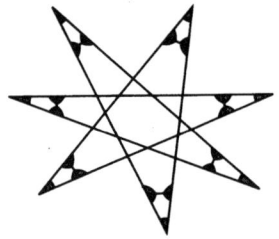

단, 왼쪽 그림의 변에 붙이는 삼각형의 개수는 7개다. 오른쪽 그림은 별 모양 십사각형의 각 꼭지점에서 180° 각 14개와, 새로운 별 모양 칠각형의 내각 7개로 나눌 수 있다. 따라서 식은,

$T + 180° \times 7 = 180° \times 14 + 180°$

그러므로 $T = 180° \times 14 + 180° - 180° \times 7$

$= 180° \times 8$

$= 1440°$

(정답) 1440°

이렇듯 각이 짝수인 별 모양 다각형은 각의 수가 증가하면 내각의 합도 증가한다는 사실을 꼭 기억하길 바란다.

위의 결과를 통해서 일반적으로 별 모양의 $2n$ 각형의 내각의 합은 $180° \times (n+1)$이 된다는 사실을 알 수 있다.

13장 | 불필요한 부분을 찾아내라

지금 무엇을 요구하고 있는가?

어느 초등학교 선생님이 "요즘 학생들 중에는 산수 문제를 내면 완전히 손놓고 있는 학생이 있는가하면, 아무 생각 없이 숫자를 더하거나 곱하거나 나누는 학생이 있다."며 한탄한 적이 있다. 예를 들면 다음과 같다.

"7일 동안 오렌지 주스 21병을 마셨다. 그렇다면 하루에 몇 병씩 마신 걸까?"

이 문제의 경우 "$7 \times 21 = 147$, 따라서 답은 147병입니다."라고 틀린 답을 말하는 학생이 있다. 이런 유형의 학생은 문제를 보자마자 계산부터 시작한다. 만약에 "오렌지 주스 21병을 7일 동안 마셨다. 그렇다면 하루에 몇 병씩 마신 걸까?"라고 숫자의 순서가 달라진 문제를 보면 $21 \div 7$로 계산해서 옳은 답을 구할지도 모른다. 하지만 7을 앞에 놓고 나눗셈을 하면, $7 \div 21 = \frac{1}{3}$이므로 하루에 $\frac{1}{3}$병을 마신 셈이 되지만 이런 경우는 생각하기 힘들기 때문에, $21 \div 7 = 3$으로 계산해서 답을 맞추는 경우도 있다.

그래서 "답이 맞았다고 방심해서는 안 된다."는 말이 나오는 것이다. 확실히 아무 생각 없이 계산을 하는 아이들은 문제를 보자마자 몹시 서둘러서 계산부터 시작한다.

이런 현상이 생기는 이유는 "무조건 빨리 답을 구하라."는 식의 훈련이 강조되기 때문이다. 물론 계산 훈련은 필요하지만 오로지 훈련만 강조하는 부분이 문제가 되는 것이다.

10장에서 "어쨌든 손을 움직여라."라는 설명을 했지만, 손을 움직이기 전에 먼저 문제를 정확히 읽고 잠시 생각을 해야 한다. 또한 그런 식으로 답을 구한 다음에도 그 답이 맞는지 점검하는 작업을 잊어서는 안 된다.

실제로 "지금 필요한 것은 무엇인가?", "문제의 본질은 무엇인가?"를 아주 잠깐이라도 생각하면 쓸데없는 수고를 줄일 수 있고, 결국 시간적으로도 유리한 긍정적인 결과를 낳게 된다.

그런데 학교에서 출제되는 문제는 필요한 수치가 제시되어 있기 때문에 적당히 곱하거나 더하는 사이에 저절로 답이 나오는 경우가 많다. 그러나 실생활에서는 필요 없는 상황이 많이 제시되기 때문에 그 안에서 필요한 답을 찾아내는 작업이 상당히 어렵다.

앞에서 소개했던 쾨니히스베르크 다리 건너기 문제는 산책 코스의 '길이'와 섬의 형태는 아무 상관이 없기 때문에 무시하라고 했다. 수학에서는 필요 없는 부분을 줄이는 작업이 매우 중요하다.

우선 중학생 수준의 문제부터 살펴보겠다. 이 문제에는 필요 없는 조건은 없지만 어떤 방식으로 문제를 풀면 좋을지 알아보는 문제다.

|문제|

아래 그림과 같은 땅의 가장자리에 모두 같은 간격으로 말뚝을 박으려고 한다. 또한 각 부분에는 반드시 말뚝을 박아야 하고, 최소한의 개수의 말뚝을 사용해야 한다. 그렇다면 전부 몇 개의 말뚝이 필요할까? (단위 : m)

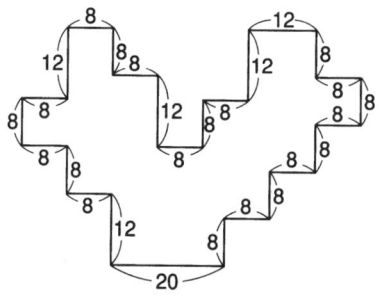

(힌트 1)

먼저 몇 m 간격으로 할지 결정해야 한다. 각 변의 각에 모두 같은 간격으로 말뚝을 박기 위해서는 각 변의 길이인 8, 12, 20의 약수로 그 간격을 정해야 한다. 즉, 최소한의 개수의 말뚝을 박으려면 최대 공약수를 이용하면 된다.

(힌트 2)

최대 공약수를 구한 후, 실제로 전부 몇 개의 말뚝을 박아야 하는지 그 숫자를 세면 되는데 각의 개수와 말뚝 개수가 많아서 잘못 셀 수 있으므로 주의한다. 이런 경우 '여유있게' 숫자를 세야 한다.

⟨해답⟩

각 변의 길이의 최대 공약수는 4이므로 4m 간격으로 말뚝을 박으면 된다. 따라서 말뚝이 몇 개 필요한지 알아보면 된다.

하지만 이제부터가 문제다. 몇 개의 접근 방식으로 살펴보자.

우선 가장 인기가 높은 기본적인 해법이다.

〈첫 번째 해법〉 (기본적인 해법)

그림 위에 4m 간격으로 말뚝을 박아 본다.

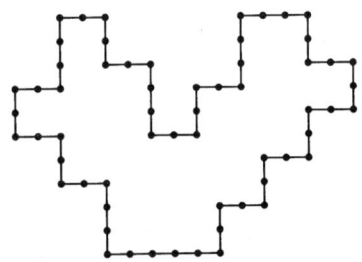

실제로 말뚝을 박으면 다음 그림과 같으며, 말뚝의 개수를 세어보니 모두 60개였다.

(정답) 60개

―――――◈◈◈◈―――――

어쨌든 말뚝의 개수를 모두 세면 답이 나온다. 그러나 이 방법으로 풀 때 오답을 내는 경우가 가장 많다. 왜냐하면 말뚝의 개수가 많아서 잘못 세기 쉽기 때문이다. 어쩐지 나는 첫 번째 해법으로 답을 맞출 자신이 없다. 그런데도 이런 방법이 인기가 높은 이유는 교육계에서 자주 논의가 이루어지기 때문이다. 즉, "수학도 손을 움직이는 것이 중요하다"는 주장이 있다. 10장에서 설명한 대로 이런 주장 자체는 확실히 옳다. 하지만 동시에, 사고를 통해 실수를 줄일 수 있다는 사실 또한 잊어서는 안 된다. 사고력이 수학의 가장 중요한 의미임을 기억하라.

그러나 "손을 움직이는 것이 중요하다."고 지나치게 강조하면 "현장에서 실제로 하면 된다."는 현장주의(現場主義)[24]에 빠지게 된다. 이 문제의 경우 현장주의자들은 실제로 현장에서 1m 간격으로 말뚝을 박아보거나 "2m 간격으로 하면 어떨까?"라고 쓸데없이 말뚝을 들고 왔다 갔다 반복하려고 할 것이고 이처럼 비효율적인 경우는 없다. 이 문제는 우선 계획을 세우고 순서대로 종이 위에 그려가는 것이 중요하다.

즉, 종이에 그려보고 조사하는 작업이 수학으로 접근하는 길이다. 예를 들어 도면을 그리는 경우에도 빠뜨려서는 안 되는 항목이 반드시 있다. "이 일을 진행하는 데에는 ○○이 필요하므로 도면에 ○○을 그려 넣어야 한다."는 경우가 그렇다. 이때 중요한 점은 문제를 추상화시키는 작업이며 추상화 자체가 이미 수학이라는 사실을 설명했다.

따라서 〈첫 번째 해법〉은 현장까지 가지 않고, 그림 위에서 생각했다는 점만으로도 대단한 발전이라고 할 수 있지만 추상화라고 하기에는 아직 미흡한 부분이 있다.

여기서 식목산(植木算)[25]을 떠올리면 수학으로 좀더 크게 발전할 수 있다. 식목산 중에는 "연못 주변에 나무를 몇 그루 심을 수 있는가?"는 유형의 문제가 있다. 예를 들어 연못의 둘레가 12m일 때, 그 연못의 형태는 아래 그림처럼 여러 가지 형태가 있을 수 있는데 이때 나무를 심는 간격을 4m로 하는 경우, 모두 몇 그루의 나무를 심을 수 있느냐를 묻는 문제가 있다.

둘레의 길이가 12m라면

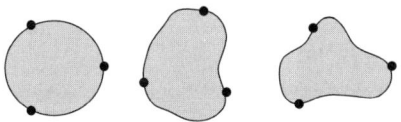

세 개의 연못 모두 3그루의 나무를 심을 수 있다.

---

24) face it. 직접 현장을 찾아가서 아이디어를 내고 이를 실천하는 주의
25) 도로의 끝에서 끝까지 나무를 심었을 때, 심은 나무의 수와 나무와 나무의 간격의 수를 비교해 보면 심은 나무의 수가 나무 간격의 수보다 1개 더 많은 방법.

연못의 형태와 상관없이 각 연못에 모두 3그루의 나무를 심을 수 있다. 즉, 어떤 도형(연못)의 둘레에 나무를 심는 경우, 그 도형의 넓이와 모양은 전혀 신경 쓸 필요가 없고 오로지 둘레의 길이만 따져보면 된다.

요컨대 이 문제에서 말뚝의 개수를 계산하는 경우, 전체의 둘레의 길이를 4로 나누면 답을 구할 수 있다. 지금부터 두 번째 해법을 알아보자.

〈두 번째 해법〉 (전체의 둘레의 길이를 4로 나눈다)

둘레의 길이를 순서대로 모두 더해간다. 즉, 다음과 같이 계산한다.
$8 + 8 + 12 + 20 + \cdots\cdots = 240$
따라서 말뚝의 개수는, 240을 4로 나누어,
$240 \div 4 = 60$
(정답) 60개

두 번째 해법은 추상화가 상당히 진행된 것으로 첫 번째 방법에서 저지르는 '개수를 잘못 세는' 것 같은 실수를 줄일 수 있다. 하지만 두 번째 해법 역시 많은 숫자를 더해야 하기 때문에 나처럼 계산에 서투른 사람에게는 불리하다. 실제로 나는 초등학교 시절에 산수를 아주 못했던 부끄러운 과거를 갖고 있다. 그것은 다 계산을 못했기 때문에 벌어진 일이다.

그런데 중학교에 올라간 후, 이상하게 수학이 좋아졌다. 그 이유는 조금만 머리를 사용하면 편리한 방법이 발견된다는 사실을 깨달았기 때문이다. 원래 계산이 복잡해지면 복잡해질수록 실수가 늘어나게 되어 있다. 그래서 나는 이런 실수를 줄일 수 있는 단순한 방법을 생각해 냈던 것이다.

그럼 이 문제에서 계산을 줄이는 방법은 없는지 생각해 보자. 8과 12, 20의 개수를 각각 세거나 8과 12를 합쳐서 20으로 계산하는 등 여러 방법을 생각할 수 있다. 하지만 좀더 획기적인 방법은 없을까? 여기서 다시 한번 "이 문제에서 요구하는 것은 무엇인가?"를 생각하면 문제에 좀더 본질적으로 접근할 수 있다 즉, 4m 마다 말뚝을 박는다고 결정되면 이 문제에서는 둘레의 길이가 중요하기 때문에 둘레의 길이는 변하지 않도록 하고 땅의 형태나 넓이는 바꾸어도 된다.

그렇다면 아래 그림처럼 凹 부분을 凸로 고치면 넓이는 크게 변하지만 둘레의 길이는 변하지 않는다는 사실을 발견할 수 있다.

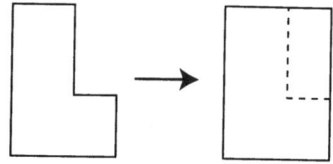

〈세 번째 해법〉

그렇다면 위의 방법으로 문제의 그림을 변형해 보자.

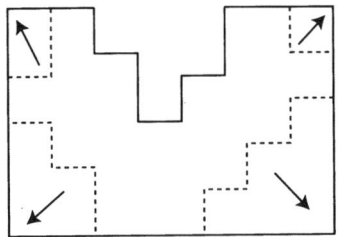

이 그림은 거의 직사각형의 모습을 띠고 있고 확실히 문제의 그림보다 알기 쉽게 변형되었다. 하지만 아직 한 군데 변형하기 어려운 부분이 있다. 그럼 이곳은 어떻게 할까?

이곳 역시 본질적으로는 다른 곳과 같지만 둘레의 길이가 변해서는 안 된다는 조건을 충족시키기 위해서 아래 그림과 같이 변형한다.

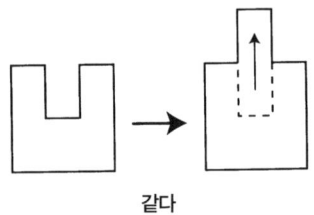

같다

모든 변형이 끝나면 문제의 도형은 다음과 같은 형태가 된다.

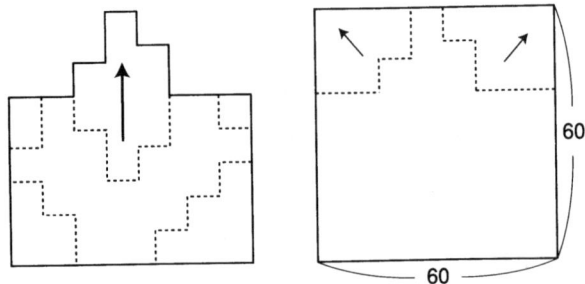

즉, 네 변의 길이는 모두 60m가 되고, 둘레의 길이는 60×4m가 된다.

따라서 말뚝의 개수는,

(60×4)÷4 = 60, 60개가 된다.

(정답) 60개

이처럼 문제 해결을 할 때 "지금 무엇을 요구하고 있는가? 또한 무엇이 허용되는가?" 끊임없이 생각해야 한다. 이렇게 사고를 진행해 가는 하나의 과정이 바로 추상화 작업이다.

지금까지의 논의에서 중심적인 주제는 아니었지만 둘레의 길이

(60×4)를 나타내고, 이것을 바로 240으로 바꾸지 않았다는 점을 눈여겨 봐야 한다. 왜냐하면 무조건 제시된 숫자를 계산부터 시작하는 태도는 그다지 바람직하지 않기 때문이다.

고등학교 수준의 수학에서는 계산을 할 때 약분이나 소거를 이용하는 경우가 많은데, 이것은 계산을 쉽게 만든다.

나팔꽃 덩굴의 길이를 측정하라

이번에는 좀더 발전된 형태의 문제를 살펴보자. 그렇다고 어렵게 생각할 필요는 없다. 다음 문제는 초등학교 4학년 정도면 충분히 풀 수 있다.

> |문제 A|
>
> 나팔꽃 덩굴이 그림과 같이 2개의 원뿔에 감겨 있다. 원뿔의 높이는 양쪽 다 2m이고 원뿔 밑면의 지름은 그림에서 볼 수 있듯 왼쪽은 1m 오른쪽은 50cm다.
>
> 또한 나팔꽃 덩굴이 수평을 기준으로 30° 각도로 감겨 있다고 가정하자. 나팔꽃 덩굴이 가장 위쪽까지 뻗었을 때 과연 어느 쪽 덩굴이 더 길까?
>
>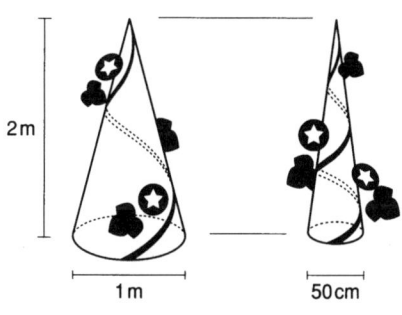

(힌트 1)

초등학생도 풀 수 있다는 부분에 눈을 돌려라. 나중에 언급하겠지만 이 문제는 곡선의 방정식을 이용하지 않아도 풀 수 있다.

(힌트 2)

이 문제에서 불필요한 부분이 무엇인지 찾아라.

〈해답〉

이 문제는 '수평을 기준으로 30°' 각도로 덩굴이 뻗어있다는 점이 핵심이다. 나팔꽃을 원뿔에서 떼어내어 똑바로 놓아둔다고 가정하자.

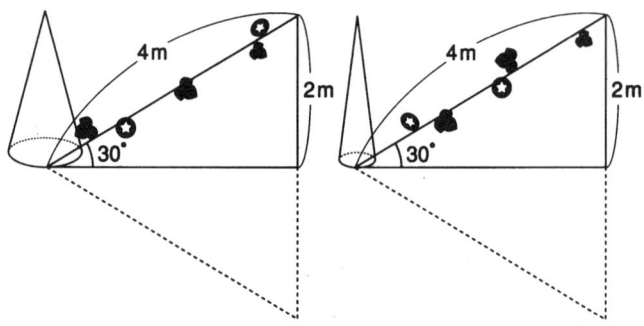

이렇게 하면 30° 각도로 2m 높이로 덩굴이 뻗어있음을 알 수 있다. 따라서 양쪽 다 정삼각형의 반쪽인 도형이 되므로 나팔꽃 덩굴의 길이는 4m가 된다는 사실을 알 수 있다.

위의 문제는 원뿔 밑면의 지름이 각각 1m, 50cm로 주어졌으므로 곡선의 방정식을 이용해서 풀 수도 있지만 그렇게 되면 고급 수학까지 이용되어 오히려 복잡해진다. 따라서 굳이 곡선의 방정식으로 이

문제를 풀 필요는 없다. 이런 경우 '원뿔의 두께'라는 불필요한 부분에는 눈을 돌리지 않아야 한다는 점이 중요하다.

그런데 "곡선의 길이는 반드시 곡선의 식인 적분으로 계산해야 한다."고 주장하는 학자가 있는 모양이다. 그 수학자는 이 문제도 반드시 곡선의 방정식을 이용해서 풀어야 한다고 생각할 것이다. 하지만 이런 유형의 문제까지 곡선의 방정식을 사용한다면 수학을 싫어하는 사람은 더욱 많아질 것이다. 따라서 나는 그 수학자의 의견에 찬성할 수 없다. 실생활에서는 실의 길이를 측정하거나 차량을 쓰러뜨려서 길이를 측정하는 실험이 실제로 이루어지고 있다. 여러분 중에 마라톤 코스를 적분으로 계산한다고 생각하는 사람은 아마 없을 것이다.

바퀴벌레가 달린 거리는 얼마일까?

문제 A와 같은 사고법의 문제를 하나 더 소개하겠다.

|문제 B|

그림과 같이 3m의 긴 실린더 안에 바퀴벌레가 갇혀 있다고 하자. 그런데 피스톤은 분속 1m의 속도로 천천히 움직인다. 이때 바퀴벌레는 당황하게 되고, 피스톤이 있는 곳에서 반대쪽으로 도망가기 시작한다. 그러나 바퀴벌레는 벽에 부딪치게 되고 다시 유턴(U-turn)해서 피스톤을 향해 가다가 또 부딪치고, 다시 유턴하고, ……이렇게 반복하다가 결국 바퀴벌레는 피스톤에 눌리게 된다. 그렇다면 바퀴벌레가 분속 200m의 속도로 계속 도망갔다고 하면 도대체 바퀴벌레는 피스톤 안에서 몇 m를 달린 셈이 될까?

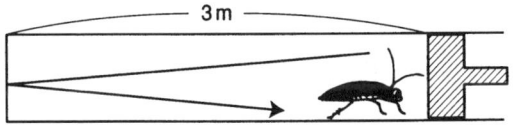

〈힌트〉

먼저 문제 B의 핵심이 무엇인지 생각하라. 바퀴벌레가 달린 거리를 "처음에 왼쪽으로 1m, 다음에 오른쪽으로 ○○cm,……." 라는 식으로 모두 계산하면 문제가 너무 복잡해진다. 그러나 먼저 피스톤이 바퀴벌레를 누르기까지의 시간을 계산하면 놀랄 만큼 계산이 쉬워진다.

〈해답〉

피스톤이 움직이기 시작한 다음부터 멈추는 순간까지 시간을 우선 계산하면,

$3 \div 1 = 3$이므로, 3분이 된다.

이때 바퀴벌레는 유턴해서 이리저리 방향을 바꾸지만 계속해서 달리기 때문에 바퀴벌레가 달린 거리는,

$200 \times 3 = 600$이 된다.

(정답) 600m

복잡한 문제도 해결할 수 있다!

문제 B의 해법에 관한 논평은 다음의 대학입시 문제와 그 모범 답안(입시 참고서에서 발췌)을 살펴본 후 다시 생각해 보자. 실제로 예전에 어느 지방 대학에서 이런 문제가 출제된 적이 있다.

|문제 C|

다음 그림의 $P_1Q_1 + P_2Q_2 + P_3Q_3 + \cdots\cdots$ 를 구하라.

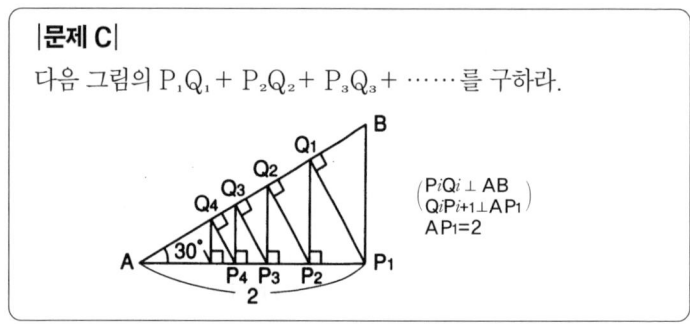

〈모범 답안〉

 수열이 싫은 사람은 이 문제와 모범 답안을 읽지 않고 뛰어 넘어가도 좋다. 왜냐하면 복잡하다는 부정적인 생각만 갖게 될 뿐이기 때문이다.

 먼저 $\triangle AP_1Q_1$은 정삼각형의 반쪽이므로 $P_1Q_1 = 1$이 된다. 한편 $\triangle AP_1Q_1 \infty \triangle AP_2Q_2$의 비율은 $4 : 3$이므로 $P_2Q_2 = \frac{3}{4}$이다. 마찬가지 $P_3Q_3 = \left(\frac{3}{4}\right)^2$이므로 이것을 계속해 가면,

$$P_iQ_i = \left(\frac{3}{4}\right)^{i-1}$$

따라서 등비수열의 합의 공식에서,

$$P_1Q_1 + P_2Q_2 + P_3Q_3 + \cdots = \lim_{n \to \infty} \frac{1-\left(\frac{3}{4}\right)^n}{1-\frac{3}{4}} = 4$$

 (정답) 4

〈다른 해법〉

 그림과 같이 P_1Q_1을 연장해서 직각삼각형(이것도 정삼각형의 반)을 만들면 그 삼각형의 빗변이 구하는 총합이 된다. 따라서 전체 합계는 4이다.

 (정답) 4

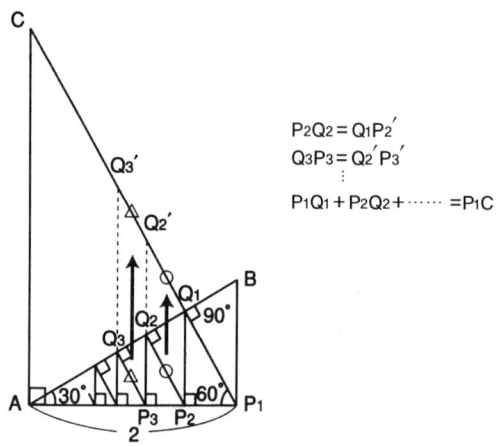

문제의 본질을 파악하면 응용도 가능하다

문제 C의 '모범 답안'과 '다른 해법'을 살펴보면 얼마나 수학 감각이 중요한지 알 수 있다. 처음의 모범 답안은 이른바 입시 문제의 대표적인 사례라고 할 수 있다. 그러나 시험에 대비하기 위해서는 좀더 쉬운 방법을 연구해야 한다. 수학을 배우는 의미는 '사고력을 키우기' 위한 것이므로 위의 모범 답안은 잘못된 발상이라고 할 수 있다. 이런 식의 공부를 강요하면 수학이 점점 싫어질 수밖에 없다.

그런데 문제 A~C는 겉보기에는 모두 다른 문제처럼 보이지만 완전히 똑같은 형식의 문제라고 할 수 있다. 문제 B의 다이어그램(diagram : 도표)을 만들어 보면 일정한 높이까지의, 경사가 일정한 접선의 길이를 구하는 문제가 된다(아래 그림 참조).

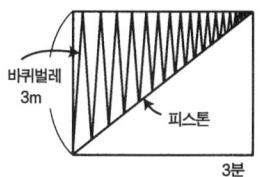

바퀴벌레는 좀더 빨리 달리겠지만 이해하기 쉽도록 그렸다

또한 문제 A는 공간에 관한 문제로, 수평을 기준으로 일정한 높이까지 경사가 같은 곡선의 길이를 구하는 문제이다. 나는 문제 B와 비슷한 유형의 문제를 가모프(Gamow - 프랑스의 천문학자, 수학자)가 쓴 책을 읽은 후 알게 되었다. 즉, 문제 B는 문제 C와 본질이 같다는 사실과 그것이 문제 A에도 적용된다는 사실을 깨달았다.

이처럼 문제의 본질을 파악하면 점점 그 응용 범위가 확대된다.

14장 | '특이점'은 중요한 단서

 우리는 보통과 다른 것을 보면 '특이'하다고 한다. 예를 들어 '특이한 현상'이라고 하면 일반적으로 일어날 수 없는 현상을 의미한다. 이번 장의 제목인 '특이점'은 일반적이지 않은 즉, 평범하지 않은 사실을 말한다.

 예를 들면 다음의 2차 방정식은 보통은 복소수(複素數)[26]의 범위에서 다른 근을 2개 가진다.

$x^2 - 4x + c = 0$

근의 공식에서, $x = \dfrac{4 \pm \sqrt{16-4c}}{2}$ $(= 2 \pm \sqrt{4-c}\,)$

그러나 $\sqrt{}$ 안에 있는 $16-4c=0$일 때는, 중근(重根)[27]이 된다. 예를 들어 $c=4$이면 근이 중근이 된다.

 실제로, $x^2 - 4x + 4 = (x-2)^2$가 되어 $x=2$만, 근이 된다.
 하지만 $c=4$를 조금이라도 벗어나면 근은 2개가 되어버린다.
 즉, $c=4$일 때만 근의 개수가 다르다. $c=4$는, c의 실수값 전체 중

---

26) 실수와 허수의 합으로 이루어지는 수
27) 2차 이상의 방정식이 2개 이상의 같은 근(해)을 가질 때, 이 근을 그 방정식의 중근이라고 한다.

에서 아주 일부분인 범위의 값에 불과하므로 '특이점'이 된다.

이렇듯 특이점은 특수한, 또한 일부분에 지나지 않는 값이므로 무시해도 될까?

이런 부분이 수학의 재미있는 점이라고 할 수 있다. 보통보다 많은 범위의 근을 갖고 있으면 무시할 수 없는 것이 당연하다. 그렇지만 특이점 역시 무시할 수는 없다.

예를 들어 지금 설명한 $c=4$인 점은 사실은 이곳이 실수값과 허수값의 경계가 된다.

즉, 다음과 같이 근의 범위가 정해진다.

$x^2 - 4x + c = 0$

$c < 4$ 2개의 실근(實根)[28]

$c = 4$ 중근

$c > 4$ 2개의 허근(虛根)[29]

이처럼 특이점은 차지하는 비율은 아주 작지만 그 상황에 따라, 여러 가지 구조를 알 수 있기 때문에 중요하다.

일상생활에서도 특이점을 항상 생각하는 것이 중요하다. 알기 쉽게 설명하려면 특이점에 대한 감각이 있어야 한다.

예를 들어 길을 설명하는 경우 "국도 17호선을 똑바로 내려가면 전주 방향이 나온다. 오른쪽의 S 상점이 보이는 교차점을 왼쪽으로 돌아, 세 번째 신호에서 오른쪽으로 꺾어서."라는 식으로 표현한다. 하지만 S 상점이 17호선의 10킬로 떨어진 곳에 있는지 아니면 1킬로 지점에 있는지, 정확히 알려줘야 길을 찾을 수 있다.

그러나 길을 설명할 때 분기점 이외의 부분을 너무 자세히 알려주면 오히려 이해하기 어려워진다.

---

[28] 방정식의 근 중에서 실수인 것을 그 방정식의 실근
[29] 방정식의 근 중 복소수인 것

또한 잘 알려진 기존의 법안을 대신해서 새로운 법안을 완성한 경우, 그것을 설명할 때 새로운 법안을 한 글자 한 글자 새삼스럽게 자세히 설명할 필요는 없다는 것이다. 요령 있게 예전 법안의 어느 부분이 어떤 이유로 어떻게 변했는지, 변한 부분의 특이점을 설명하기만 하면 된다.

일반적으로 정치가의 답변은 이해하기 어려운데 그 이유는 '특이점'에 대한 감각이 없기 때문이다. 어쩌면 정치가는 일부러 어렵게 얘기하기 위해 '고도의 전술'을 사용하는지도 모르겠다.

그렇다면 지금부터 특이점에 관한 문제를 살펴보기로 하자.

|문제|

아래 그림이 곡면(曲面)[30]이라는 사실을 증명하기 위해, 각각 높이가 다른 곳에서 수평으로 자른 평면의 단면을 보여주려고 한다. 이미 3부분의 모습은 표시했다. 그 사이에 있는 나머지 4부분의 단면을 표시하라.

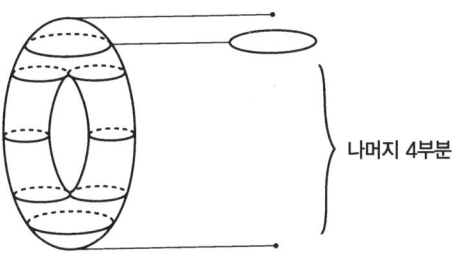

(힌트)

특이점만 있어도 되지만 위의 문제의 경우, 개수가 많으므로 중간에 일반적인 점을 보여주면 좀더 확실해진다.

---

30) 엄밀한 의미로 2차원의 위상 다양체. 그러나 보통 직관적으로 "곡선이 움직이면 곡면이 된다"라든가, "입체의 표면은 곡면이다" 등으로 설명되거나, 또 곡면과 평면을 구별하여 평면이 아닌 면을 곡면이라 하는 경우도 있다.

〈해답〉

아래 그림의 A, B에서, 단면인 원이 1개에서 2개로, 2개에서 1개로 변했다는 사실을 알 수 있다. 이 점을 반드시 기억하도록 한다.

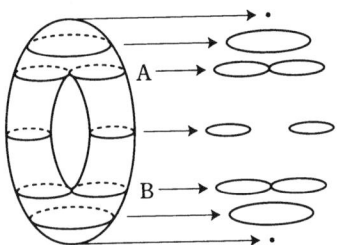

이번에는 위의 문제와 반대되는 경우를 생각해 보자.

|문제|

다음은 수평으로 자른 평면의 단면 그림으로 높은 곳부터 잘라 냈을 때 아래 그림처럼 된다.
그렇다면 곡면의 형태는 어떻게 될까?

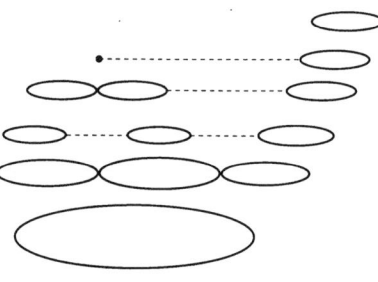

⟨해답⟩

뭔가 의미가 있어 보이는 형태의 그림이 되었다.
이런 곡면은 지도의 등고선으로 지형을 나타낼 때 사용된다.

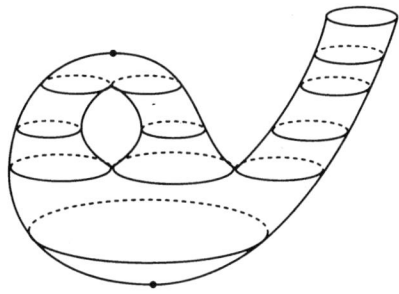

15장 | 대략적으로 생각해서 좋은 경우도 있다

"수학은 빈틈없는 학문이고, 수학자는 한치의 오차도 허용하지 않는 사람이다."라는 것은 잘못된 표현이다. 그런데 이런 말이 의외로 사람들에게 널리 퍼져 있는데 그 이유는 수학을 이용하는 사람들의 그릇된 믿음이 크기 때문이다.

수학의 계산 문제는 대부분의 경우, 정확한 수치의 답을 구할 수 있다. 그렇기 때문에 입시 때, 다른 이과 계열의 선생님에게 "수학은 채점하기 쉽죠?"라는 말을 종종 듣는다. 그러나 계산 문제라고 해도 답을 이끌어내는 과정에는 여러 길이 있다.

그리고 원래 수학은 사고력을 높이기 위해서 배우는 학문으로 계산의 옳은가?라는 문제가 평가 대상의 전부는 아니다. 계산이 틀려도 사고력이 다른 사람보다 뛰어나다고 인정되면 그 점을 높이 평가해야 한다는 의견도 있다. 이것은 채점자의 수학관(觀)이나 문제 내용에 따라 의견이 갈라지는 부분이 되기 때문에 채점자끼리 서로 의견을 조정해야 한다. 이처럼 수학을 채점할 때는 점수를 주는 기준과 방법으로 인해 고민하는 경우가 많다.

증명 문제의 경우, 겉보기에는 지극히 당연한 문제인데도 몇 단계로 나누어 서술하지 않으면 안 될 경우가 있다. 특히 1점 차이로 당락이 결정되는 입시에서는 채점하는 쪽의 고충이 이만저만이 아니다. 그럴듯하게 쓰여져 있어도 논리를 이끌어내는 과정에 무리가 있으면 감점하는 것이 당연하다.

그런데 입시생을 지도하는 선생님 중에는 "세세한 부분까지 서술하지 않으면 가차없이 감점된다."라는 오해를 하고, 수학 문제를 출제한 쪽의 의도와는 전혀 상관없이, 학생들을 지나치게 엄격하게 지도하는 분위기를 형성하는 경우가 있다.

예를 들어 삼각형의 합동 조건을 "2개의 삼각형의 2각과 그 사이의 변이 같을 때 합동이다."라고 서술한 답안에 감점을 하는 선생님이 있다는 것이다. 삼각형의 합동 조건을 정확하게 표현하면 "2개의 삼각형의 2각과 그 사이의 변이 각각 같을 때 합동이다."라고 된다. 하지만 '각각'을 넣지 않아도 의미를 알 수 있는 문장이므로 그 답안에 감점을 가하는 행위는 옳지 않다고 생각한다.

만약에 이렇게 엄격한 채점 기준을 적용한다면 아마 수학자라고 해도 수학 시험에서 만점을 받는 사람은 아마 없을 것이다. 나는 본질적인 문제가 아닌 것에 대해서 지나치게 신경 쓰는 사람은 수학자가 될 수 없다는 확신을 갖고 있다.

한편 수학의 대명사로 알려진 미분·적분은 "사소한 것은 무시한다."는 원칙을 근거로 성립됐다. 즉, "아주 작은 값은 0으로 둔다."는 원칙에 따라 접선(接線)을 계산한다. 따라서 미분·적분이 처음 생겼을 때, 수학자들 중에는 "미분·적분은 수학이 아니다. 이것은 오류를 부정해서 올바른 결론을 이끌어내는 것에 지나지 않는다."는 주장하는 부류도 있었다.

그러나 미분·적분 계산을 통해 얻을 수 있는 결과는 매우 효과적이었으므로 많은 수학자들은 미분·적분을 좀 더 빈틈없이 만들기 위해 노력했다. 그리고 수학자들이 뉴턴이나 라이프니츠의 직관이 옳았다는 사실을 이해할 때까지 100년 이상의 시간이 걸렸다. 그 기간 동안, 미분·적분은 여러 분야의 연구를 발전시키는 데 크게 기여했다. 또한 미분과 적분의 구조에 대해 설명한 뉴턴과 라이프니츠의 이름은 수학의 역사에 영원히 남게 되었다.

'대강'에서 이끌어 내는 방법이 있다

수학적인 감각은 형식에 구애받는 것보다 문제를 대략적으로 바라봄으로써 문제의 본질이 무엇인지를 파악하는 것이 더 중요하다. 또한 이러한 태도는 실생활에서 큰 도움이 된다. 그렇다면 다음 문제를 살펴보자.

|문제|
이 그림에서 회색 부분의 대강의 넓이를 구하라.

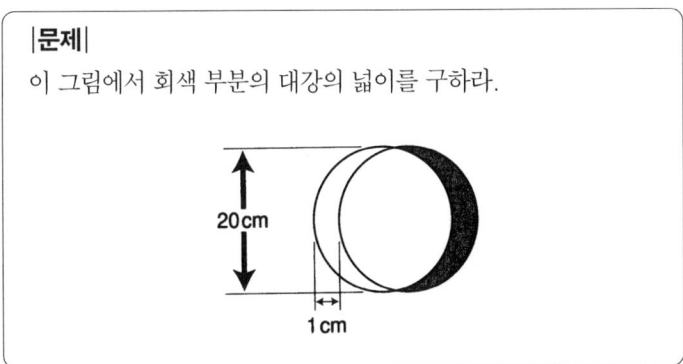

(힌트)

"어디서 많이 본듯한 문제다!"라고 생각하는 사람은 이미 정답에 접근했다고 할 수 있다. 왜냐하면 이 문제는 11장에서 소개한 문제와 상당히 유사한 문제이기 때문이다. 단, 이 문제는 앞에서 소개한 문제와 비교해서 부족한 부분이 있다. 다음 그림처럼 맨 윗부분과 아랫부분이 부족하다.

따라서 이 문제는 '대강'이란 말이 문제를 해결하는 열쇠가 된다. 이 도형은 회색 부분의 넓이를 정확하게 계산할 수 없다. 그렇다면 이 도형과 비슷한 형태의 도형은······.

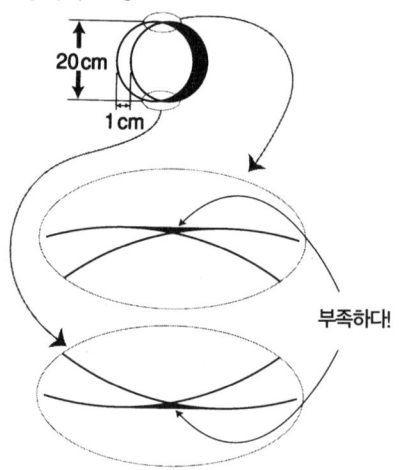

〈해답〉

11장에 나온 문제와 같은 식으로 생각하라. 원에 직사각형을 붙인 도형을 이용해서 '나온 부분만큼 들어가게 하는 원리'를 적용했다.

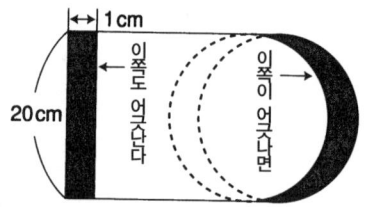

따라서 답은 20×1= 20(㎠)이다.

─────◈◈◈◈─────

이런 식으로 치밀하게 계산하지 않고 '대강' 접근해도 어느 정도 비슷한 수치를 구할 수 있고, 이것도 수학적인 사고법의 하나라고 할 수 있다.

그렇지만 '대강'의 수치가 실제의 수치와 너무 동떨어진다면 그것도 곤란하다. 그렇다면 어느 정도가 '대강'인지 이제부터 살펴보자.

지금부터는 약간 번거로운 계산이 나오므로 이런 식의 세세한 이야기가 싫은 사람은 넘어가도 상관없다. 왜냐하면 세세한 것은 무시하는 편이 좋다고 앞에서 설명했기 때문이다.

어느 정도의 오차가 허용되는가?

지금 구하려는 면적을 S라고 하자. 오른쪽 도형처럼 위, 아래 부분이 존재하는 경우, 회색으로 칠해진 부분의 넓이는 20㎠가 된다. 하지만 왼쪽 도형은 회색 부분의 위, 아래 부분이 조금 부족하므로 오른쪽 그림보다는 면적이 작을 것이다.

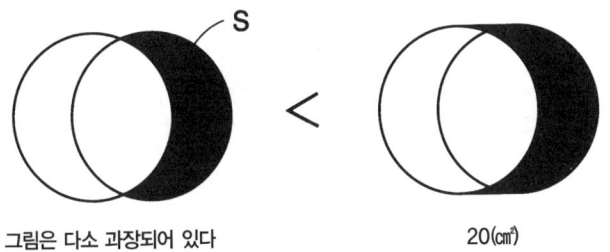

그림은 다소 과장되어 있다   20(㎠)

즉, 구하려는 넓이 S는, S 〈 20(㎠)가 된다.

한편 아래 도형의 회색 부분의 넓이은, 넓이 S보다 분명히 더 작다.

이 문제는 피타고라스의 정리를 이용해서 계산한다.

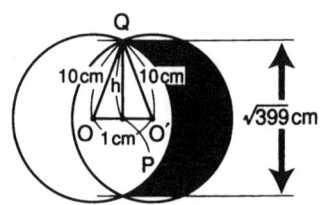

OP = $\frac{1}{2}$(1cm의 반)이므로,

$PQ^2 = 10^2 - \left(\frac{1}{2}\right)^2 = \frac{399}{4}$

그러므로 PQ = $\frac{\sqrt{399}}{2}$

따라서 높이는 $\sqrt{399}$ cm

이 높이 그대로 옆으로 1cm 이동시킨 것이 회색 부분의 넓이가 된다.
그러므로 넓이는 $\sqrt{399} \times 1$(cm²)

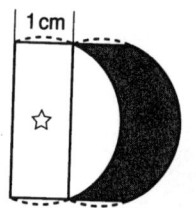

회색 부분의 넓이 = ☆의 넓이

이 넓이는 S보다 작기 때문에,
$\sqrt{399} \times 1$(cm²) < S
따라서 2개의 식을 합쳐서,
$\sqrt{399}$ (cm²) < S < 20(cm²)

이것은 $\sqrt{399} ≒ 19.98(\text{cm}^2)$와 $20(\text{cm}^2)$의 사이에 S가 있다는 의미로 S는 대충 $20(\text{cm}^2)$라고 봐도 무방하다.

도형을 대략적으로 취급하는 토폴로지

앞에서 이미 이야기했던 '토폴로지(topoloy)'는 도형을 대략적으로 다루는 위상(位相) 수학이라고 불리는 수학의 한 분야라고 했다. 즉, 도형을 늘리거나 줄여도 결국 같은 도형으로 취급한다는 의미로 도형을 대략적으로 생각하는 것 자체가 '토폴로지'라는 기하학이라고 할 수 있다.

지금부터 도형을 늘이고 줄이는 문제를 살펴보자.

|문제|

다음 그림과 같이 멕시코 민속 의상의 스커트는 원형을 2장 연결해서 만든다. 멕시코 민속춤은 스커트를 흔들며 추는데 천을 많이 사용하면 춤추기 훨씬 수월하다. 여기에 제시된 그림들은 스커트의 앞부분으로('앞 스커트'라고 한다) 완성된 스커트는 처음의 무늬에서 상당히 변형된다는 점을 기억하라.

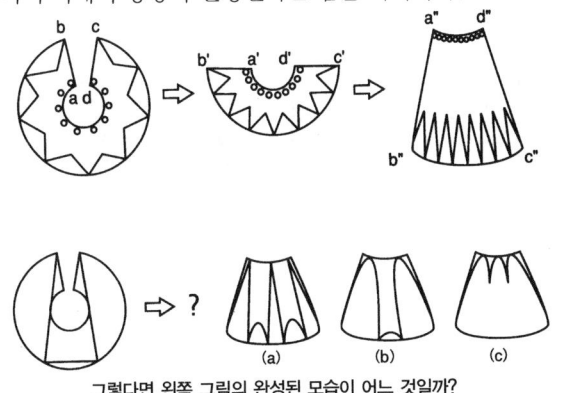

그렇다면 왼쪽 그림의 완성된 모습이 어느 것일까?

〈힌트〉

이 문제도 대략적으로 생각해서 풀어야 한다. 즉, 몇 개의 단서를 통해 상황을 판단하면 된다. 이 경우에는 양쪽 끝과 중간, 위, 아래로 교차하는 점을 특별한 점(특이점)으로 보면 문제를 해결할 수 있다.

〈해답〉

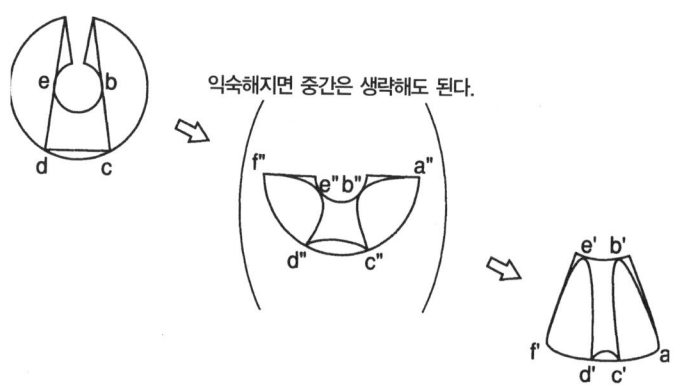

익숙해지면 중간은 생략해도 된다.

탈의실처럼 몇 개의 단서를 살펴보고 대강의 형태를 파악하는 방법은 수학과 현실 생활에서 폭넓게 사용되고 있다. 예를 들어 아래의 다이어그램은 전동차의 운행을 표로 나타낸 것으로 실제 운행과는 다소 차이가 있다.

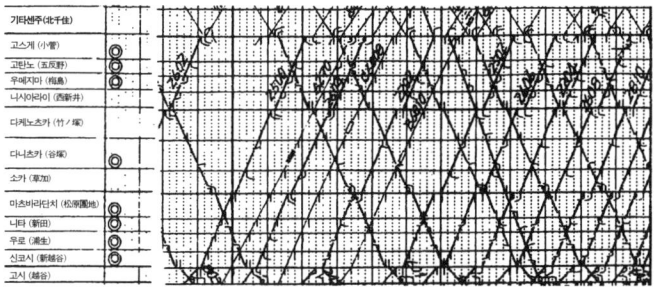

 전동차는 역과 역 사이를 일정한 속도로 달리는데 역에 도착할 때, 속도가 0이 되도록(즉, 다이어그램과 같은) 급정거를 하면 승객들의 몸이 모두 심하게 흔들린다. 그렇기 때문에 반드시 가속과 감속을 통해 속도를 적절히 조절해야 한다. 하지만 전동차가 어느 역에 몇 시에 도착하고, 어디에서 상행선과 하행선을 기다려야 할 것인가에 대한 정보가 필요한 경우에는 위의 그림처럼 다이어그램이 대략적인 모습이어도 상관이 없다.

 전동차는 역과 역 사이를 일정한 속도로 달리는데 역에 도착할 때, 속도가 0이 되는 (즉, 다이어그램과 같은) 운행을 하면 승객들의 몸은 모두 심하게 흔들린다. 그렇기 때문에 반드시 속도를 가속, 감속해서 적절히 조절해야 한다.

 하지만 전동차가 어느 역에 몇 시에 도착하고 어디에서 상행선과 하행선을 기다려야 할 것인지에 대한 정보를 알 수 있기 때문에, 단지 이런 정보만이 필요한 경우에는 다이어그램은 대략적이어도 상관없다는 것이다.

 여기에도 기본적으로 필요한 것만 대략적으로 나타내는 방법을 적용했다. 여러분은 중학생 때 분수인 함수 $y=\dfrac{1}{x}$의 그래프를 그려본 적이 있을 것이다. 함수에 $x=\dfrac{1}{3}$, $\dfrac{1}{2}$, 1, 2, 3, 4 등을 적당히 대입해서 점을 찍은 후, 그 점을 연결하게 된다. 사실은 x에 모든 값을 대입해서 '정확한' 그래프를 만들 수는 없다. 설령 컴퓨터를 이용한다고 해도 그것은 불가능하다. 왜냐하면 정확하게 만들기 위해서는 '무한대'의 수치를 대입해야 하기 때문이다.

 자신은 정확한 그래프를 그렸다고 생각하겠지만 엄밀한 의미로 말하면 '정확함'과는 상당히 거리가 먼 그래프일 수밖에 없다.

 그러나 그대로도 충분하다. 왜냐하면 대략적인 그래프라도 최대치와 최소치 등, 다양한 결론을 이끌어 낼 수 있기 때문이다.

|문제|

이번에는 앞의 문제와 반대되는 경우다. 역시 멕시코 민족 의상으로 '앞 스커트'가 다음의 그림처럼 된다고 할 때, 원래의 천의 형태가 어떻게 될지 그려보라.

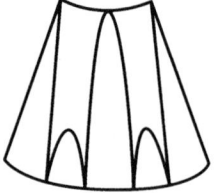

(힌트)

 이번에도 단서를 이용하도록 한다. 4~6개의 점을 찍어서 형태를 예측해 보자.

〈해답〉

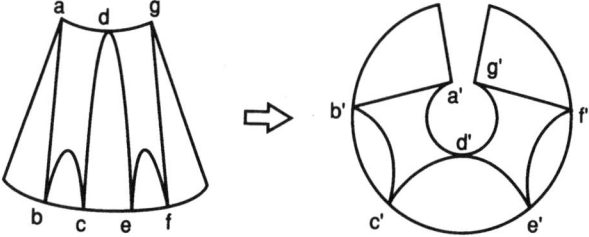

16장 | '키포인트(Key-point)'를 찾아라

 여러분은 '형사 콜롬보'라는 TV 드라마(그 중에 몇 편은 영화로 만들어졌다)를 아는가? 요즘 위성 TV를 통해, 재방송되고 있는 인기 드라마의 제목이다.

 형사 콜롬보는 범인(유명 인사가 대부분)의 말에서 모순점을 찾아내서, 그가 범인이라는 사실을 증명한다. 이때 다른 사람들은 대부분 모순점을 눈치채지 못하는데 형사 콜롬보만이 거짓말임을 밝혀내기 때문에 이 드라마가 인기가 있는 것 같다.

 그러나 현실 세계에서는 실제로 부정부패 사건이 발생했을 때, 분명히 누군가가 거짓말을 하고 있는데 좀처럼 범인의 꼬리를 잡을 수 없는 경우가 많다. 어쩌면 형사 콜롬보란 드라마는 대리만족을 시켜주기 때문에 더 인기가 있는지도 모르겠다.

 수학에 있어서의 '논리'는 어떤 말속에 모순이 들어 있는지, 없는지를 밝혀낼 수 있다. 따라서 모순을 발견하기 위해서는 수학적인 논리력이 필요하다. 하지만 안타깝게도 사실 관계를 밝히는 경우, 수학과는 거리가 멀어지게 된다.

어떤 문제를 해결할 때는 일어날 수 있는 모두 경우의 수를 하나하나 검토하는 방법을 택하는데 수학적인 사고력을 이용하면 문제를 쉽게 해결할 수 있다. 수학적인 사고법은 거짓말을 쉽게 꿰뚫어보는 데 도움이 된다.

이런 사고법은 "열쇠를 쥔 사람을 찾아라."라는 말과 같다. 이 말은 예를 들어 "사건의 열쇠를 쥔 사람은 비서다."와 같이 현실에서 발생하는 사건에 자주 사용된다.

현실에서 일어나는 사건은 다음의 문제처럼 깨끗이 해결할 수 없는 경우가 많은데 논리적으로 생각하는 힘이 부족한 사람은 꼭 이 문제에 도전하길 바란다.

누가 거짓말쟁이인가?

먼저 간단한 문제부터 시작하자.

|문제|

A, B, C 3사람이 있다. 이 중에서 1명만 정직한 사람이고, 다른 2명은 거짓말쟁이다. 3명에게 똑같이 "누가 거짓말쟁이인가?" 라고 물었더니 다음과 같이 대답했다. 그렇다면 이 중에서 정직한 사람은 누구인가?

A : "B는 거짓말쟁이다"
B : "A야말로 거짓말쟁이다"
C : "B는 거짓말을 하지 않는다"

(힌트)

(1) A가 거짓말쟁이, (2) A가 정직한 사람, 이렇게 2개의 경우로 나누어 논리적으로 생각하는 것이 정석이지만…….

〈해법 1〉

크게 2가지 경우로 나눈다.

(1) A가 거짓말을 했다. 그렇다면 A의 말 때문에 B는 정직한 사람이 된다. 왜냐하면 A가 거짓말쟁이니까 B의 말은 틀림없이 옳다. 그러나 B가 정직한 사람이면 C의 말이 진실이 된다. 즉, A가 거짓말을 했다고 가정하면 B와 C가 모두 정직한 사람이 된다. 3명 중에 정직한 사람은 오직 1명뿐이므로 이 가정은 틀렸다.

(2) A가 정직한 사람이라고 하자. 이때 A의 말은 옳기 때문에 B는 거짓말쟁이가 된다. 따라서 B의 "A야말로 거짓말쟁이다."라는 말은 거짓말이 된다. 또한 C의 "B는 거짓말을 하지 않는다."는 말도 거짓말이 되므로, 결국 C는 거짓말쟁이다. 즉, A만 정직한 사람이 되기 때문에 이 가정은 옳은 가정이다.

그러므로 정직한 사람은 A이다.

(정답) A

―――◇◇◇◇―――

해법 1처럼 생각하는 것이 정석이지만 아무래도 너무 복잡하다. 이런 문제의 경우, 열쇠를 쥔 사람이 누구인지 찾는 것이 바로 수학적인 감각이라고 할 수 있다. 수학 감각을 이용한 해법은 다음의 해법 2와 같다.

〈해법 2〉

먼저 C라는 인물부터 살펴보자.

C가 정직한 사람이라면 "B는 거짓말을 하지 않는다."는 말이 옳기 때문에 B도 정직한 사람이 된다. 하지만 3명 중에 정직한 사람은 1명이기 때문에 이 문제의 조건에 위배된다. 따라서 C는 거짓말쟁이다. 그렇다면 C의 말이 거짓말이면 B도 거짓말쟁이가 되고, B의 말

인 "A야말로 거짓말쟁이다."는 말은 거짓말이므로 결국 A가 정직한 사람이 된다. 또한 A의 "B는 거짓말쟁이다."는 말은 옳다.
따라서 정직한 사람은 A이다.
 (정답) A

 같은 결론을 이끌어내지만 해법 2가 훨씬 간단하다는 사실을 알 수 있다. 이것은 열쇠를 쥐고 있는 사람인 C부터 시작했기 때문이다. 그럼 C가 열쇠를 쥔 사람이라는 것은 어떻게 알았을까? 나중에 그 단서에 대해서 다시 설명하겠지만 아무튼 여기서는 C의 말이 다른 2명의 말과 다른 형태라는 점을 단서로 삼았다. 다음은 공무원 시험에 출제되었던 비슷한 유형의 문제이다.

> |문제|
> A, B, C, D, E 이렇게 5명이 복권을 구입했는데 그 중에 1명만 당첨됐다. 나중에 5명의 말을 들어봤는데 그들은 다음과 같은 대답을 했다.
> A : "당첨된 사람은 C다."
> B : "당첨된 사람은 A다."
> C : "A는 '내(C)가 당첨됐다'고 하지만 그것은 거짓말이다."
> D : "나(D)는 당첨되지 않았다."
> E : "당첨된 사람은 B다."
> 그러나 진실을 말하는 사람은 5명 중에 1명뿐이고, 다른 사람은 거짓말을 하는 것이다. 그럼 복권에 당첨된 사람은 누구일까?
> 1. A   2. B   3. C   4. D   5. E
> **(지방 공무원 시험에서 발췌)**

〈힌트〉

처음에 있는 A부터 따져보지 말고 먼저 열쇠를 쥐고 있는 사람이 누구인지 생각하라. 이 문제에서는 눈에 띄는 말을 한 사람은 C와 D뿐이다.

〈해답〉

5명 중에서 A와 C는 서로 대립하고 있다. 그러므로 2명 중에 1명이 거짓말을 했다면 한쪽은 분명히 진실을 얘기한 셈이 된다.

즉, "누가 복권에 당첨됐는가?"와 상관없이 A와 C중에 1명은 진실을 이야기했다는 것이다. 따라서 2명이 아닌 다른 3명 B, D, E는 모두 거짓말을 했고, D의 "나(D)는 당첨되지 않았다."는 말은 거짓말이 된다. 그러므로 복권에 당첨된 사람은 D가 된다. 다른 사람의 말을 하나하나 확인하면 C가 진실을 이야기했음을 알 수 있다. 참고로 이 문제는 거짓말을 한 사람을 찾아내는 것이 아니라 복권에 당첨된 사람을 묻고 있다는 사실을 꼭 기억하라.

(정답) 4. D

이 문제에서는 열쇠를 쥔 사람을 C, A 그리고 D로 놓고 생각했다. 그러나 만약에 아무 생각 없이 A부터 순서대로 살펴봤다면 문제가 너무 복잡해진다. 만약에 시간이 남는다면 A부터 한번 따져보아도 좋다. 왜 '열쇠를 쥔 사람'이 중요한지 이해할 수 있을 것이다.

이번에는 좀더 복잡한 '거짓말쟁이를 찾는 문제'를 살펴보겠다.

|문제|

어떤 일에 관해서 A, B, C가 다음과 같이 주장했다.
　A : "나는 하지 않았다. B도 하지 않았다."
　B : "나는 하지 않았다. C도 하지 않았다."
　C : "나는 하지 않았다. 누가 했는지 모른다."
이때 3명의 말 중에 반은 진실이고, 반은 거짓이라고 하면 과연 누가 이 일을 했을까?
　1. A와 B　2. B와 C　3. A　4. B　5. C

(지방 공무원 시험 중에서 발췌)

〈힌트〉

먼저 3명은 모두 자신이 하지 않았다고 말한다. 이 문제에서는 "누가 이 일을 했을까?"를 묻고 있으므로 누군가 분명히 그 일을 한 것이 틀림없다.

그렇다면 3명의 말 중에 반은 진실이고 반은 거짓이라고 했기 때문에 앞부분에 거짓말을 한 사람은 분명히 뒷부분에 진실을 얘기한 셈이 된다. 그런데 뒷부분 문장을 살펴봤을 때 C만 2명과 다른 유형의 말을 했다. 따라서 C가 열쇠를 쥔 사람일 가능성이 높다.

〈해답〉

우선 C를 살펴보자. "나는 하지 않았다."가 거짓말이라면 그 일을 한 사람이 누구인지 모를 리가 없으니 "누가 했는지 모른다."는 말은 거짓말이다. 그럼 C의 말의 앞부분과 뒷부분이 모두 거짓이 되므로 문제의 조건과 맞지 않는다. 따라서 C의 "나는 하지 않았다."는 말은 진실이다(C는 누가 그 일을 했는지 "알고 있다."는 말이 되지만 이것은 별로 상관이 없다). 그렇다면 B의 "C도 하지 않았다."는 말은 거짓이 된다. 즉, B가 그 일을 한 것이다.

위의 전제를 통해 A의 말을 살펴보자. A의 뒷부분 "B도 하지 않았다."는 말은 거짓이므로 A의 앞부분은 옳다. 즉, A도 그 일을 하지 않았다.

(정답) 4. B

다음은 인원이 많은 경우, 정직한 사람을 찾는 문제다.

> |문제|
>
> A, B, C, D, E, F, G, H, I의 9명 중에서 1명이 복권에 당첨됐다. 이들에게 누가 당첨됐는지 물었더니 다음과 같이 대답했다. 이 가운데 진실을 말하는 사람은 3명이다. 그렇다면 누가 복권에 당첨됐는가?
>
> A : "E다."
> B : "나(B)다."
> C : "B다."
> D : "E는 아니다."
> E : "B 아니면 H다."
> F : "E다."
> G : "B는 아니다."
> H : "B도 아니고 나(H)도 아니다."
> I : "H는 진실을 말하고 있다."
>
> 1. B 2. C 3. D 4. E 5. H
>
> (지방 공무원 시험 중에서 발췌)

(힌트)

 첫 번째 방법은 표를 만들어 보는 것이다. A~I까지 9명 중에 복권에 당첨됐다고 추정되는 사람 B, C, D, E, H 5명을 선택하고, 각각 복권에 당첨된 것을 긍정한 사람은 ○, 부정한 사람은 ×로 표시한다. 즉, 이 3개인 사람이 복권에 당첨된 사람이다. 이 방법은 복권에 당첨된 사람을 확실히 가려낼 수 있으므로 기억해 두면 좋다.

 단, 이 경우에도 여러 명의 '열쇠를 쥔 사람'을 이용해서 복권에 당첨된 사람을 찾아낼 수 있다.

〈해법 1〉

 'B가 당첨됐다.'고 B, C, D, E가 말했고, 다른 사람은 그 말을 부정했다. 같은 식으로 조사해서 다음의 표로 나타냈다.
(가로는 당첨에 관해 말한 사람이고, 세로는 복권에 당첨됐다고 추정되는 사람)

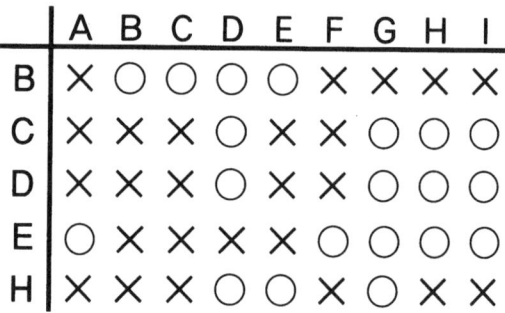

	A	B	C	D	E	F	G	H	I
B	×	○	○	○	○	×	×	×	×
C	×	×	×	○	×	×	○	○	○
D	×	×	×	○	×	×	○	○	○
E	○	×	×	×	○	×	○	○	○
H	×	×	×	○	○	×	○	×	×

 이 표를 통해 복권에 당첨됐다고 추정되는 사람 중에 ○이 3개인 사람은 H이므로 즉, 복권에 당첨된 사람은 바로 H라는 사실을 알 수 있다. 또한 진실을 말한 사람은 D, E, G이다.

(정답) 5. H

〈해법 2〉

G와 B, C는 정반대의 말을 하고 있다. 또한 D와 A, F도 마찬가지로 정반대, E와 H, I도 정반대의 말을 한다. 이것을 도식으로 나타내면 다음과 같다.

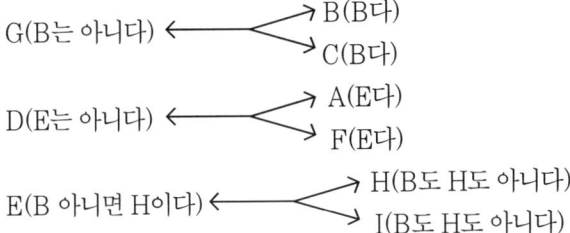

이때 오른쪽의 어떤 한 쌍을 선택해서 따져보면 다른 두 쌍에서 2명 이상이 진실을 말한 사람이 나온다. 이 경우 진실을 말한 사람이 4명 이상이 되므로 오른쪽에 있는 사람들은 모두 거짓말을 한 셈이 된다.

따라서 왼쪽 편에 있는 세 사람 G, D, E의 말이 진실이 되고, E의 "B 아니면 H다."라는 말에 따라 B와 H 중에 복권에 당첨된 사람이 있다. 그런데 G는 "B는 아니다."라는 말을 했으므로 H만 남게 된다.

결국 복권에 당첨된 사람은 H다(실제로 당첨된 사람이 H일 때, 진실을 말한 사람은 G, D, E 3명이다).

(정답) 5. H

———※———

우리는 현실에서 종종 그럴듯한 거짓말에 접하게 된다. 좀더 정확히 말하면 억지로 앞뒤를 끼어 맞춘 거짓말로 아무런 모순도 없는 것처럼 느껴지지만 분명히 그 안에는 거짓말이 숨어 있다. 다음 문제는 지금 설명한 것과 같은 상황의 문제이다.

|문제|

A, B, C, D, E 5명이 서로의 나이에 대해서 다음과 같이 말했는데 이 중에서 1명만 거짓말을 하고 있고, 다른 4명은 진실을 얘기하고 있다. 그렇다면 이중에서 거짓말을 하지 않았다고 확신할 수 있는 사람은 누구인가?

A : "B는 C보다 나이가 많다."
B : "A는 D보다 나이가 많다."
C : "E는 A보다 나이가 많다."
D : "C는 E보다 나이가 많다."
E : "B는 D보다 나이가 많다."
1. A 2. B 3. C 4. D 5. E

(국가 공무원 시험에서 발췌)

〈힌트〉

위의 말을 근거로 나이 순서대로 배열해 보면 모순을 찾아낼 수 없다. 그러나 분명히 어떤 1명이 거짓말을 하고 있으므로 한 사람 한 사람에 대해서 "만약에 이 사람이 한 말이 거짓말이라면 어떻게 될까?"라는 식으로 확인하는 게 좋다. 하지만 확인할 때 A부터 순서대로 할 필요는 없다. 이번에도 열쇠를 쥐고 있는 사람은 없는지 살펴보고 특이하게 생각되는 사람부터 따져라.

〈해답〉

먼저 모든 사람의 말이 옳다고 가정하고 나이 순서대로 배열해 보자. 부등호 밑에 써있는 알파벳은 그 말을 한 사람이다.

$$D < A < E < C < B \text{ 또한 } D < B$$
$$B \quad C \quad D \quad A \qquad E$$

위의 말에는 전혀 모순이 없다.

 순서대로 살펴보면 다른 사람은 나이 차이가 별로 나지 않는 2명을 비교했는데 E만 나이차이가 많이 나는 2명을 비교했다. 따라서 열쇠를 쥐고 있는 사람인 E부터 알아보도록 한다.

 E가 거짓말을 했다고 가정하자. 5명 중에 거짓말을 한 사람은 1명이므로 A, B, C, D는 모두 진실을 말한 셈이 된다. 그러나 A, B, C, D의 말을 살펴볼 때 E가 말한 내용이 나온다. 따라서 E의 말은 진실이 되어야 하므로 E가 거짓말을 했다는 가정과 모순된다.

 즉, 진실을 말하고 있는 사람은 E이다.

 (정답) 5. E

 16장에서는 열쇠를 쥐고 있는 사람을 찾는 방법에 대해서 설명했다.

 여러분 중에 이미 눈치 챈 사람이 있으리라 생각되지만, 어떤 문제에서 열쇠를 쥔 사람은 대개 문제의 앞부분이 아니라 뒷부분에 등장한다. 왜냐하면 문제를 출제한 사람은 '열쇠를 쥐고 있는 사람'을 의식하고 있기 때문이다. 즉, 문제 앞부분에 '열쇠를 쥔 사람'이 등장하면 문제를 푸는 사람이 우연이라도 정답을 빨리 찾아낼 수 있으므로 출제자는 문제 뒷부분에 '열쇠를 쥔 사람'을 등장시켜 문제를 쉽게 풀지 못하도록 한 것이다.

17장 | 선을 긋거나 색을 칠한다

보조선이나 보조색을 이용하라

12장에서 "간단하게 다시 만들어라."라는 설명을 했다. 그 말은 문제를 간단하게 바꿔서 이해하기 쉽게 만들라는 뜻이다. 그때 각이 홀수인 별 모양 다각형의 각도를 계산하는 문제에서, 문제 해결을 위해서 어떤 선을 긋는 작업을 했다.

그 선으로 문제의 단서를 잡고 증명을 진행했는데 우리는 이와 같은 선을 '보조선'이라고 부른다.

기하학 문제에서는 의외의 부분에 보조선을 하나 그어 순식간에 문제를 해결할 수 있다. 아마 기하학을 공부하면서 이런 기쁨을 느낀 사람이 상당히 많을 것이라 생각한다. 나는 기하학의 목적이 문제를 해결하는 기쁨에 있다고 본다. 유명한 수학자인 고다이라 쿠니히코 선생님은 "기하학에서는 논리를 추구하는 것과 이해하는 것은 다르다."는 말씀을 하셨고, 노벨 화학상을 수상하신 후쿠이 겐이치(福井謙一) 선생님은 "기하학에서는 문제를 해석적으로도 풀 수 있지만 직관적으로 생각하면 좀더 쉽게 해결할 수 있다. 기하학은 그런 사실을 충분히 느낄 수 있는 멋진 학문이다."라며 기하학을 예찬하셨다.

그러나 보조선에는 '의외성'이 있기 때문에 일정한 법칙을 알려줄 수 없다는 단점이 있다. 그렇기 때문에 "수학은 논리적인 학문인데 기하학에서는 보조선이라는 비논리적인 방법을 사용하므로 기하학을 인정할 수 없다."는 움직임도 있었다.

한편 수학자가 아닌 사람은 "기하학은 논리다(기하학 = 논리)."라고 생각하는 것 같다. 어느 유명한 물리학자의 책에 "기하학과 논리는 같다."는 식의 내용이 적혀 있었다. 또한 TV 교육 프로그램에서 '논증'과 '평면 기하학'을 완전히 혼동해서 토론하는 모습을 본 적이 있다('평면 기하학'을 설명할 때 '논증'이 사용되므로 오해가 생긴 것 같다). 이렇듯 기하학은 형식적이고 엄밀하게 증명을 요구하는 인식이 자리 잡았고, 그로 인해 사람들이 점점 기하학을 싫어하게 된 것 같다.

따라서 보조선을 잘 그을 줄 모르는 사람 중에는 "어떻게 다른 사람들은 보조선을 잘 그을까?"라며 고민하는 사람도 있을 것이다. 나는 수학자로서 이 점에 대해서 정말 사과하고 싶다.

예를 들어 수학 문제의 모범 답안에는, 정돈되고 완벽한 해답이 실려있는데 이런 해답을 얻기까지의 수많은 노력과 시간, 실수가 반복된다. 하지만 그 과정이 눈에 보이지 않기 때문에 달랑 모범 답안을 보고 수학자는 '특별한 능력이나 두뇌를 소유하고 있는 사람'인 것처럼 오해를 하는 사람들이 있다는 것이다.

아무튼 10장의 "어쨌든 손을 움직여라."는 말을 염두에 두고 보조선을 발견하기 위해 이쪽에는 선을 그어보기도 하고, 저쪽에는 원을 그려보기도 하고 여러 가지 노력을 해라(단, 노력에도 요령이 필요하다. 그 비결에 관해서는 이 책 마지막 부분에 설명하겠다).

보조선 자체에 대한 내용은 12장에 이미 소개했으므로 이번에는 보조선과 같은 사고법을 이용한 문제를 살펴보기로 하자.

|문제|

그림과 같은 모양의 방에 다다미(疊)[31] 7장을 깔려고 한다(정사각형 2개에 다다미 1장을 깔 수 있다). 어떻게 하면 이 방에 다다미를 7장을 깔 수 있을까? 단, 다다미는 사각형 틀에 맞춰서 깔아야 하고 절대로 잘라서는 안 된다.

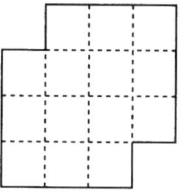

(힌트)

여러 가지 방법을 연구하라. 만약에 아무리 노력해도 불가능하다면 그 이유가 무엇인지 생각하라.

〈해답〉

이 방에는 절대로 다다미 7장을 문제의 조건대로 깔 수 없다. 우선 아래 그림처럼 전체를 흰색과 검정색으로 나누어 칠한다. 즉, 서로 이웃해 있는 정사각형은 각각 색이 다르다.

31) 일본식 주택에서 짚으로 만든 판에 왕골이나 부들로 만든 돗자리를 붙인, 방바닥에 까는 재료.

이렇게 색을 구분해서 칠한 도형을 '이치마츠(市松) 모양'이라고 한다. 이 무늬는 에도(江戶) 시대의 가부키(歌舞伎) 배우인 사노 이치마츠(佐野市松)의 이름에서 따왔다.

 이치마츠 무늬로 칠한 방에, 다다미를 자르지 않고 깔 수 있을까? 1장의 다다미가 정사각형의 2개의 면적을 차지한다고 했다. 다다미를 끝에서부터 깔면 틀림없이 어떤 다다미도 2개의 이웃한 정사각형을 차지한다는 사실을 알 수 있다. 그리고 이웃한 정사각형은 각각 흰색과 검정색이 된다. 이처럼 이웃한 색이 다른 경우를 이치마츠 무늬라고 한다.

 7장의 다다미를 자르지 않고 깔기 위해서는 흰색과 검정색 정사각형이 각각 7개씩 필요하다. 그러나 위의 그림을 살펴보면 흰색 정사각형은 6개, 검정색 정사각형은 8개임을 알 수 있다. 그렇다면 남은 다다미 1장을 검정색 정사각형 2곳에 깔기 위해서는 잘라내야 한다. 하지만 이 문제에서는 자르면 안 된다는 조건이 붙어있으므로 이 방에 다다미 7장을 까는 일은 불가능하다는 사실을 알 수 있다.

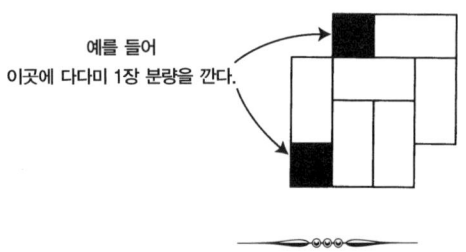

 이 문제는 '보조선을 긋는 것과 같은 사고법'을 이용하면 된다고 했는데 그렇다고 이 문제를 풀 때 무리하게 보조선을 그으라는 말은 아니다. 이번에는 해답 부분에 제시된, 검정색과 흰색으로 나누어 칠한 그림에서 검정색 부분에는 기울기 1의 대각선을 그리고, 흰색 부

분에는 기울기 −1의 대각선을 그어보자.

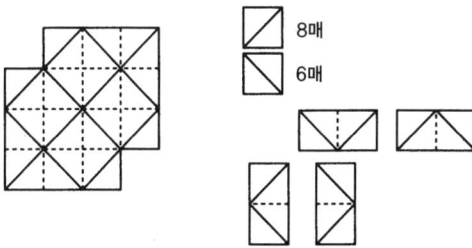

위의 그림은 무리하게 보조선을 그은 것으로 아무리 봐도 앞에 나온 이치마츠 무늬 그림보다 이해하기가 어렵다.

다른 사고법을 사용해도 결론은 마찬가지일지 모르지만 보조선은 상황을 알기 쉽도록 만들어야 한다. 따라서 정확히 말하면 보조선이라고 할 수 없는, 앞에 나온 이치마츠 무늬의 쪽이 좀더 이해하기 쉽다.

아래 그림의 각이 홀수인 별 모양 다각형의 내각의 합을 구하는 경우, 각도기로 측정하거나 다른 번거로운 방법을 사용해도 답은 180°이다. 이때 선분 1개만 그으면 내각의 합이 180°을 금세 알 수 있는 이해하기 쉬운 형태로 바뀐다.

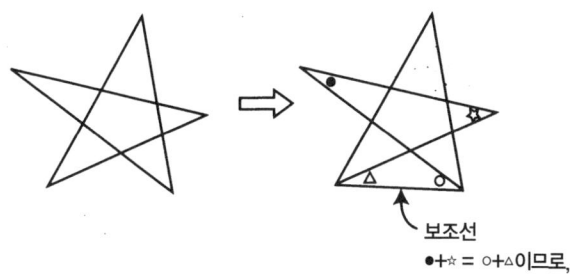

●++☆ = ○+△이므로,

즉, 이치마츠 무늬와 보조선은 도형에 어떤 조작을 해서 이해하기 쉽게 만들었다는 점이 같다. 그러나 이치마츠 무늬의 경우에는 보조선이 아니라 흰색과 검정색을 이용했으므로 굳이 이름을 붙인다면 '보조색'이라고 할 수 있다.

다다미를 까는 문제의 핵심은 색을 칠해서 문제점이 명확해졌다는 것이다. 이처럼 어떤 궁리를 해서 문제의 본질을 찾아내는 일은 이미 '쾨니히스베르크 다리 건너기 문제'를 통해 설명했다. 그 때는 쓸데없는 부분을 줄이는 문제였고, 이번에는 어떤 것을 추가하는 문제라고 할 수 있다.

이 문제는 화학에서 물질의 구조를 결정할 때와 비슷하다. 그 이유는 불순물을 제거하고 추출할지, 다른 물질을 첨가해서 반응을 살펴볼지를 상황에 따라서 선택해야 하기 때문이다. 이런 방법의 대부분은 노력과 실수를 거듭해서 얻어낸 결과이다.

이해하기 쉬운 상황으로 바꿔라

다음은 앞의 문제와 비슷한 사고법을 이용하는 문제이다.

|문제|

아래 그림과 같은 건물이 있다. 모든 방을 반드시 1번씩 지나 밖으로 나오는 일이 가능한가? 단, 같은 방을 2번 들어가서는 안 된다. 만약에 불가능하다면 그 이유를 설명하라.

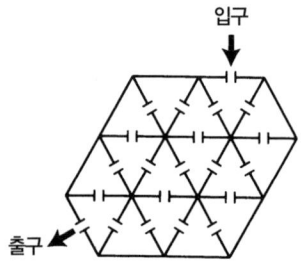

(주의)

이 문제는 "모든 방을 반드시 1번씩 지나 밖으로 나오는 일이 가능한가?"라는 표현이 쾨니히스베르크 다리 건너기 문제와 닮아 있다. 이번에도 각 방에 중심점을 찍고, 문을 통해 방을 들어갔을 때 쉬는 곳을 휴게소라고 하자. 이 문제를 쾨니히스베르크의 다리 건너기 문제와 같은 식으로 변형했다. 그리고 각 꼭지점(중심점)을 연결한 후, 꼭지점과 연결된 선의 숫자를 세면······.

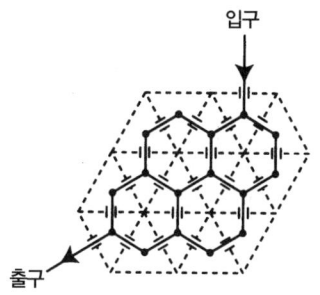

하지만 이 문제는 쾨니히스베르크의 다리 건너기 문제와 약간 다르다. 이번 경우에는 모든 방을 반드시 통과해야 하지만 모두 문(다리에 해당된다)을 통과할 필요는 없으므로 보조색을 응용하라.

먼저 지금처럼 쾨니히스베르크 다리 건너기 문제와 비교하는 일은 문제 해결에 도움이 된다. 왜냐하면 비슷한 문제에 같은 방법을 사용할지 말지를 생각하거나 차이점을 발견하는 일은 그 방법의 본질적인 의미를 생각하기 위해 매우 중요하기 때문이다. 이런 노력과 실수를 수없이 경험하면 비슷한 종류의 문제를 쉽게 발견할 수 있으며 보조선 역시 빨리 그을 수 있게 된다.

〈해답〉

이 문제는 풀 수 없는 문제로 아무리 방법을 연구해도 결과는 역시 마찬가지다. 그렇다면 왜 불가능한지 설명을 해야 하는데 상황에 따라 다른 설명이 가능하다. 그러나 이치마츠 무늬와 같은 사고법을 이용해서 흰색과 검정색으로 나누어 칠하면 보다 알기 쉽도록 설명할 수 있다.

이번 문제는 흰색 삼각형과 검정색 삼각형이 각각 8개로 개수가 같다.

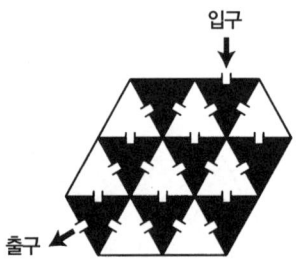

"앗! 개수가 같으면 이 문제는 풀 수 있는 거 아닌가?"라는 섣부른 판단은 하지 않길 바란다.

이 문제는 검정색 방에서 시작해서 검정색 방으로 나오게 되는데 검정색 방 옆은 흰색 방이고, 흰색 방 옆은 검정색 방이다. 그렇다면 모든 방을 지나서 밖으로 나오는 동안의 방 색깔의 순서는,

입구 →▼→△→▼→△→▼→ ⋯ →▼→△→▼→ **출구**

가 된다.

검정색에서 시작해서 검정색으로 끝나고 그 중간은 검정색과 흰색이 반복된다. 여기까지 생각했다면 왜 이 문제가 불가능한지 그 이유에 대해서 접근했다고 할 수 있다. 그럼 다음과 같이 괄호를 이용해 보자.

입구 →(▼→△)→(▼→△)→(▼→ ⋯ →(▼→△)→ ▼→ **출구**

이렇게 괄호를 쳐보면 검정색과 흰색이 짝을 이루고 있고 마지막에 검정색 하나가 남는 것을 알 수 있다. 즉, 방을 전부 지나가기 위해서는 검정색 방이 흰색 방보다 1개 많아야 한다. 그러므로 문제와 같은 배치의 건물에서는 모든 방을 1번씩 통과하는 일은 불가능하다.

물론 입구와 출구가 다른 색이 되도록 아래 그림처럼 변경하면 모든 방을 1번씩 통과할 수 있다. 단, 색의 개수가 같고 입구와 출구를 다른 색으로 한다고 해도 불가능한 경우가 있으므로 주의하길 바란다.

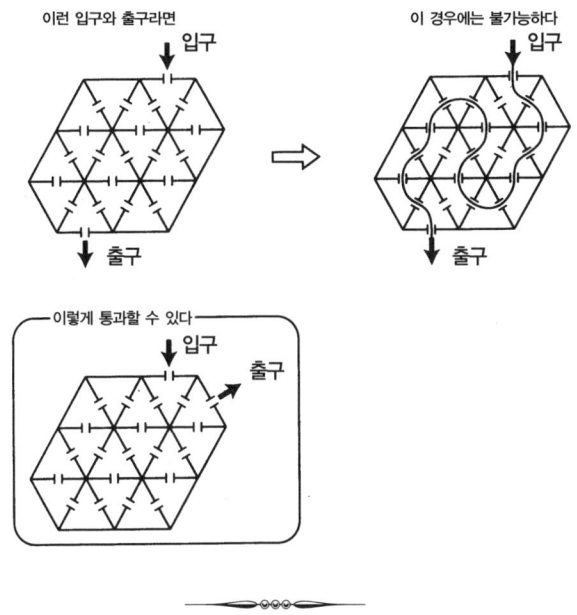

이 문제는 여러 분야에서 응용할 수 있는데, 실생활에서도 과정이 어떻든 간에 몇 개의 핵심은 그냥 넘어가서는 안 되는 경우가 자주 있다. 이와 비슷한 문제는 다음과 같다.

|문제|

어느 회사의 사장이 세계 곳곳의 지사를 1번씩 방문하려고 계획 중이다. 그림과 같이 항공망을 이용하는 경우 모든 지사를 1번씩 도는 것이 가능한가? 다음 경우에 대해 답하라.

(1) 도쿄에서 출발해서 도쿄로 도착하도록 방문하는 경우
(2) 도쿄 이외의 장소에서 출발해서 그곳으로 도착하도록 방문하는 경우

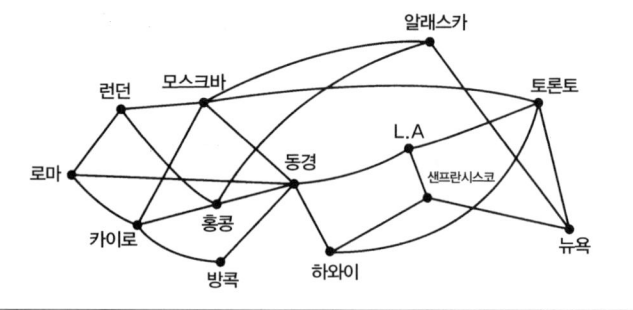

(힌트)

이번에도 색을 칠해서 구분한다. 단, 이 문제를 이치마츠 무늬로 표현할 수 있을지 없을지는 분명하지 않다. 어떤 식으로 색을 구분할지 먼저 생각하라.

이웃한 부분이 다른 색이 되어야 한다는 점이 중요했으므로 항공로로 서로 직접 연결되어 있는 도시의 색을 다르게 칠한다.

〈해답〉

다음 그림처럼 흰색과 검정색을 나누어 칠한다. 항공로로 서로 직접 연결되어 있는 도시를 다른 색이 되도록 칠하라고 했다(하지만 언

제나 이렇게 칠할 수 있는 것은 아니다). 색을 구분해서 칠한 결과 흰색이 7개, 검정색이 6개라는 사실을 기억하라.

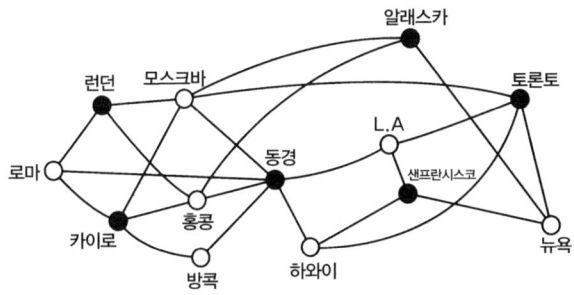

(1) 도쿄에서 시작하는 경우

도쿄●→○→●→○→●→○→…→○→●→○→●도쿄

이렇게 하면 도쿄(검정색)는 처음과 마지막 2번 가는 셈이 된다. 앞의 문제와 같은 식으로 괄호를 쳐서 검정색과 흰색의 개수를 세면 마지막에 있는 도쿄만 남는다.

도쿄(●→○)→(●→○)→(●→○)→…→○)→(●→○)→●도쿄

즉, 마지막 도쿄의 검정색(도쿄가 2번이니까)을 지워서 검정색과 흰색의 수가 같은 개수가 되도록 하면 된다. 그러므로 이 문제의 조건과 맞지 않으므로 도쿄에서 시작하는 경우에는 불가능하다는 사실을 알 수 있다.

(2) (a) **검정색에서 시작하는 경우**

(1)과 같은 결과가 나오므로 이 경우도 불가능하다.

(b) **흰색에서 시작하는 경우**

처음 도시로 돌아오기 때문에,

출발 (○→●)→(○→○)→…→●)→(○→●)→ ○도착(출발 장소와 같은 곳)

이렇게 된다.

(1)의 경우와 흰색과 검정색의 순서가 반대가 되므로 같은 식으로 생각하면, 흰색과 검정색이 같은 개수라야 한다. 따라서 이 문제의 조건과 맞지 않으므로 불가능하다.

이제까지 흰색과 검정색으로 나누어 칠하는 문제를 예를 들었다. 하지만 이런 사고법이 꼭 2가지 색으로 구분해서 칠하는 경우만 해당되는 것은 아니다. 다음 문제를 살펴보자.

|문제|

그림처럼 6각형이 연결된 형태의 초콜릿을 5명에게 나누어 주려고 한다. 그때 초콜릿을 오른쪽 그림의 둘 중의 하나의 모양으로 자르려고 한다. 과연 이 문제는 가능한가? 오른쪽 그림의 형태는 회전해도 좋고, 모든 초콜릿을 둘 중 하나의 모양으로만 잘라도 상관없다.

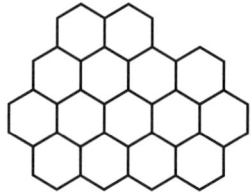 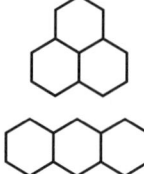

(힌트)

이번에도 색을 구분해서 칠한다. 하지만 이 문제의 경우, 흰색과 검정색 2가지 색으로만 칠하면 문제의 조건대로 초콜릿을 잘랐을 때,

어떤 조각은 흰색이 많을 수도 있고 어떤 조각은 검정색이 많을 수도 있다. 또한 그 비율에 따라 전체의 흰색과 검정색 수가 좌우되어 문제를 해결하는 데 어려움이 있다.

예를 들어, 임시로 자른 초콜릿 조각이 다음 그림의 A라면 흰색이 8개, 검정색이 7개이고, B라면 흰색이 5개, 검정색이 10개가 된다. 그밖에도 여러 가지 조합이 가능하다.

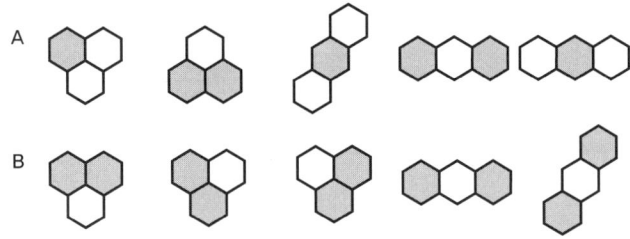

〈해답〉

따라서 이 문제는 3가지 색을 칠하기로 한다. 그 색을 각각 a, b, c라고 하고 다음의 그림처럼 칠한다. 이렇게 하면 문제의 오른쪽 그림의 2가지 형태 중, 어느 쪽으로 잘라도 모두 a, b, c가 1개씩 포함되게 된다.

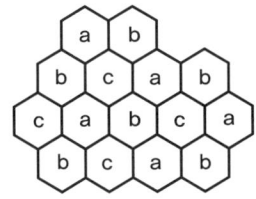

따라서 이런 형태가 5개 생긴다는 말은 a, b, c가 각각 5개씩 있다는 것을 의미한다.

예를 들어 다음 그림과 같이 잘라냈을 때 각 조각에 a, b, c가 각각

1개씩 포함되어 있다.

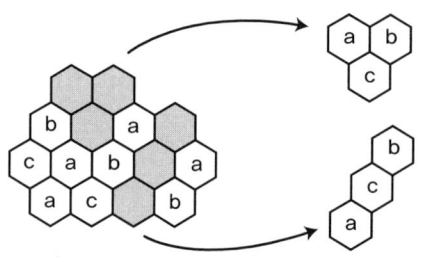

만일 2가지 형태만 조합을 해서 초콜릿을 자른다면 모든 조각에는 a, b, c가 1개씩 포함되어 있으므로 a, b, c는 각각 5개씩 있어야 한다. 예를 들어 다음 그림과 같다.

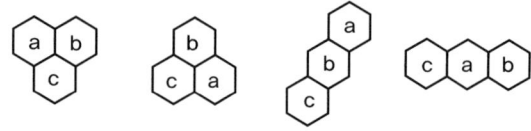

이 경우 a, b, c는 각각 5개

그러나 해답의 첫 번째 도형처럼 3가지 색을 구분해서 칠할 때, 각각의 색을 세면 a는 5개, b는 6개, c는 4개가 된다는 사실을 알 수 있다. 즉, 문제에서 제시한 2가지 형태의 초콜릿으로, 5조각으로 나누는 일은 불가능하다.

겉모습은 달라 보여도 본질은 같다

17장에서 살펴본 4개의 문제는 다다미를 까는 문제, 방을 통과하는 문제, 항로에 관한 문제, 초콜릿을 나누는 문제 따위와 같이 겉모습은 모두 달라 보였다. 또한 문제에 나오는 도형의 형태도 정사각형,

삼각형, 육각형 등 모두 달랐다. 그러나 보조색을 이용한다는 점에서는 모두 동일했다.

이처럼 겉모습은 달라 보이지만 수학적인 내용은 모두 같은 경우가 있다. 왜냐하면 이 문제들은 모두 같은 본질에서 발생했기 때문이다. 본질이 숨겨져 있어서 쉽게 보이지 않는 경우는 완전히 다른 문제로 인식되기도 한다. 하지만 겉모습은 달라도 본질은 같다는 사실을 깨달으면 모든 경우의 수를 다 외울 필요가 없으며, 문제를 훨씬 쉽게 해결할 수 있다. 실제로 이러한 사례는 고등학교 수학이나 다른 과목 등에서 많이 발견할 수 있다.

수학적인 응용력은 어떤 개념이나 방법을 배우지 않은 부분에 적용할 수 있느냐 없느냐에 달려있다고 할 수 있다. 표면상으로는 다른 것처럼 보여도 내부에 공통점이 있다는 사실을 파악한다면 응용력이 훨씬 더 향상될 것이다.

18장 | 대칭성[32]에 주목하라

대칭인 도형은 아름답다

직각삼각형의 3변 사이에 성립하는 '피타고라스의 정리'는 고대 그리스의 수학자 피타고라스의 이름을 딴 것이다. 피타고라스가 이끄는 피타고라스 학파는 기하학(피타고라스 정리가 대표적)과 수론(數論)뿐만 아니라 피타고라스 음계 – 음악도 수의 비례와 관계가 있었기 때문에, 음악에 사용되는 음의 높이를 정하는 데 있어서 수학적인 비율에 의하여 나누는 것을 고안하여, 모노트으드(일현금)의 현의 길이를 2:3의 비율로 분할함에 따라 완전 5도의 음정을 열었으며, 이 5도를 중복해 가는 방법을 취했다 – 부터 천문학까지 여러 분야를 연구했다.

그렇다고 피타고라스 학파가 다양한 분야에 무턱대고 손을 댄 것은 아니다. 사실 그들은 '우주의 조화와 미'를 추구한다는 목적을 두고 연구를 했다.

우주를 조화와 미로 파악하기 위해서는 그 기초가 되는 천문학이 빠질 수 없다. 또한 수(數)에서는 삼각수, 사각수 등을, 도형에서는 정오각형의 작도, 정다면체 등 대칭성의 강한 아름다운 사물을 중점

---

32) 어떤 기하학적 도형 또는 수식이 어떤 변환에 대하여 불변으로 보존되는 것

적으로 다루었다. 피타고라스는 음악에도 조예가 깊어 청각적인 미를 시각적인 미와 대등한 아름다움으로 만들었다.

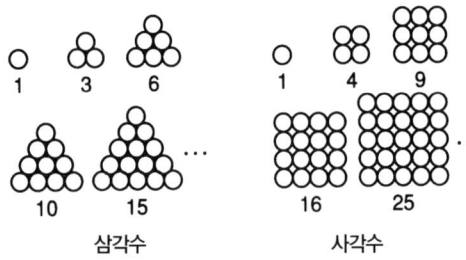

그리고 피타고라스 학파의 이와 같은 사고법은 플라톤과 유클리드에게 계승되었다. 따라서 초기의 그리스 학파는 아름다운 도형 즉, 대칭인 도형의 연구를 핵심적인 주제로 삼았다. 특히 원과 구는 가장 대칭적인 도형이며, 이것과 직선이 조합된 도형을 중요하게 여겼다. 기하학에서 작도 문제가 컴퍼스와 자로 제한된 원인도 '원과 직선만으로 충분하다'는 사고법에서 비롯됐기 때문이다.

후기 그리스 시대에는 실용성을 중시한 아르키메데스와 아폴로니오스(apollonios)에 의해, 포물선이나 타원에 대한 연구가 이루어졌다. 그렇지만 포물선과 타원도 대칭인 도형이다.

지금도 대칭인 도형은 수학자뿐만 아니라 많은 사람들이 관심을 갖고 있다. 그 이유는 대칭인 도형은 아름다우며 대칭성을 이용하면 실용적으로 변화되는 경우가 많기 때문이다.

그럼 대칭성이 자주 사용되는 디자인과 관련된 문제부터 살펴보기로 하자.

| 문제 |

다음 그림은 가문의 문장이다. 이 중에서 대칭이 아닌 것은 무엇인가?

ⓐ 굵은 원형　ⓑ 벚꽃 무늬　ⓒ 2개의 소용돌이 무늬　ⓓ 3개의 소용돌이 무늬　ⓔ 4개의 소용돌이 무늬

(힌트)

선대칭 도형은 그 도형을 어느 직선에서 접으면 겹쳐지게 된다. 그에 비해 점대칭 도형은 어느 점을 중심으로 180° 회전하면 원래 도형과 겹쳐진다.

〈선대칭〉　　　　　〈점대칭〉

  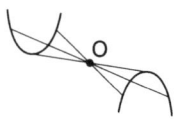

〈해답〉

ⓐ는 원이므로 중심을 지나는 어떤 직선에 대해서도 대칭이고, 또한 중심에 대해 점대칭이 된다. 이 말은 원이 '가장 확실한 대칭 도형'이란 의미다.

ⓑ는 선대칭이다. 예를 들면 오른쪽 그림과 같은 선으로 접으면 겹쳐진다. b는 대칭축이 5개다.

ⓑ의 예

ⓔ는 점대칭이다. 180° 회전해도 같은 도형이 된다는 사실을 금방 알 수 있다.

그런데 ⓒ와 ⓓ가 문제다. 언뜻 보기에 c는 대칭으로 보이지 않는다. 그러나 공간 도형의 측면에서 살펴볼 때 2개의 소용돌이 무늬는 선에 대해서 대칭이라 할 수 있다.

ⓓ는 ⓔ와 별로 다르게 보이지 않는다. 하지만 d는 선대칭도 점대칭도 아닌 도형이다.

(정답) ⓓ

ⓒ의 경우는 공간으로 사고의 폭을 넓혔다. 그렇다면 이번에는 공간에 관한 대칭성을 살펴보자.

|문제|

아래 그림은 정육면체를 평면으로 잘랐을 때 단면을 나타낸 것이다. 이 중에서 잘라진 2개의 입체 도형의 부피가 같지 않은 도형은 어느 것일까?

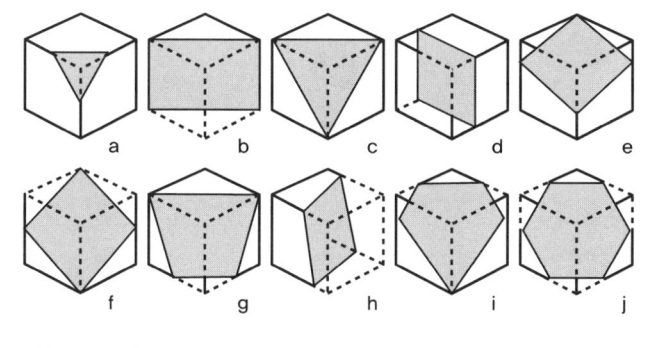

(힌트)

2개의 입체가 합동이라면 당연히 부피도 같다.

〈해답〉

우선 b, d, f, h, j 5개는, 모두 단면이 대칭이다. 그리고 잘라낸 2개의 도형이 합동이 된다는 사실을 알 수 있다. 따라서 위의 5개의 경우에는 잘라진 2개의 입체 도형의 부피가 틀림없이 같다.

남은 a, c, e, g, i 5개는 어떨까? 이것들은 잘라진 2개의 입체 도형의 부피와 다르다는 사실을 b, d, f, h, j의 단면과 비교하면 알 수 있다. 아래의 그림을 살펴보자.

(정답) a, c, e, g, i

대칭성에 주목하라 181

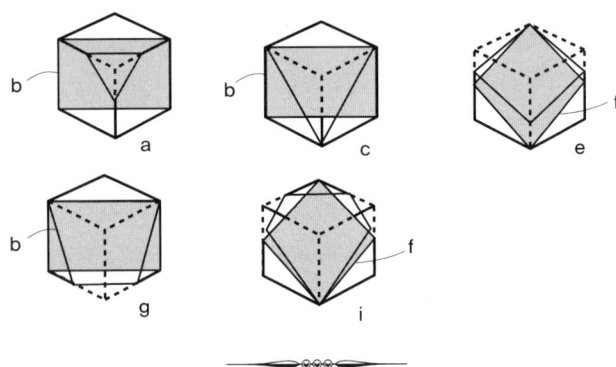

이렇듯 알고 있는 사실에서 모르는 사실을 판별하는 일도 수학의 한 방법이다.

위의 문제를 깊이 이해했다면 다음의 문제는 간단히 이해할 수 있을 것이다.

|문제|

그림은 한 변의 길이가 a인 정육면체이다. BF, CG 위에 그림과 같이 점 P, Q를 찍고, A, P, Q를 지나는 평면으로 정육면체를 절단할 때 절단면보다 아래 부분의 입체 도형의 부피는 다음 중에 어느 것인가?

(1) $\dfrac{7}{24}a^3$ (2) $\dfrac{3}{8}a^3$

(3) $\dfrac{11}{24}a^3$ (4) $\dfrac{13}{24}a^3$

(5) $\dfrac{5}{8}a^3$

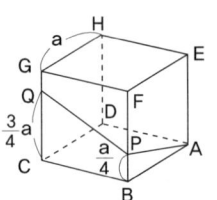

(힌트)

점 Q를 지나면서 밑면에 평행하게 자른 직육면체를 생각하라.
우선 어떤 수학 문제집에 실려 있는 해법부터 살펴보자.

〈해법 1〉

아래와 같이 2개의 삼각기둥으로 나누어 계산한다.
(1) 삼각기둥 ABP-DCS의 부피와
(2) 기울어진 삼각기둥 PSQ - ADR의 부피.

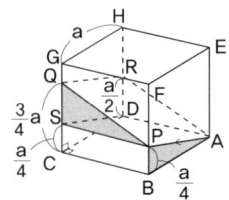

(1) $\triangle ABP = \dfrac{1}{2} \times \overline{AB} \times \overline{BP}$

$\qquad = \dfrac{1}{2} \times a \times \dfrac{a}{4} = \dfrac{a^2}{8}$

따라서 삼각기둥 ABP - DCS의 부피는,

$\triangle ABP \times \overline{CB} = \dfrac{a^2}{8} \times a = \dfrac{a^3}{8}$

(2) $\triangle PSQ = \dfrac{1}{2} \times \overline{PS} \times \overline{SQ}$

$\qquad = \dfrac{1}{2} \times a \times \left(\dfrac{3}{4}a - \dfrac{a}{4} \right) = \dfrac{a^2}{4}$

점 D에서 밑면 PSQ에 수선(垂線)[34]을 내리면 그 발은 C가 된다. 즉, 선분 $\overline{DC}$(선분 표시!)의 길이가 기울어진 삼각기둥 PSQ - ADR 의 높이에 해당된다.

---

34) 한 직선, 또는 평면과 직각을 이루는 직선.

그러므로 기울어진 삼각기둥 PSQ-ADR = $\frac{a^2}{4} \times a = \frac{a^3}{4}$
따라서 구하는 입체 도형의 부피는,

(1) + (2) = $\frac{a^3}{8} + \frac{a^3}{4} = \frac{3}{8}a^3$

해법 1에서는 기울어진 삼각기둥을 이용해서 입체 도형의 부피를 구했다. 나름대로 재밌는 발상이지만 너무 어렵다고 느끼는 사람도 많을 것이다. 이미 여러 번 얘기했지만 수학은 문제 해결을 쉽게 하기 위해서 머리를 사용한다고 했다. 힌트를 이용해서 쉽게 만들어 보자.

〈해법 2〉

점 Q에서 윗부분을 떼어낸 직육면체를 상상하면, 이 평면은 직육면체를 2개의 부피가 같은 입체로 나누었다는 사실을 알 수 있다.

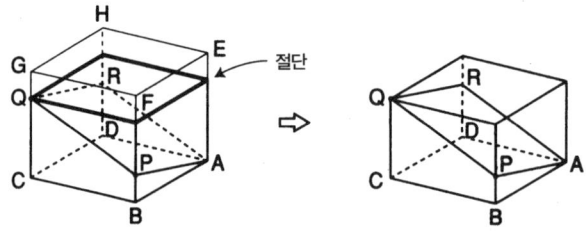

Q에서 아래 부분의 부피는 $\frac{3}{8}a^3$ 이므로 그것을 2개로 나누면 부피는 $\frac{3}{8}a^3$ 이 된다.

(정답) $\frac{3}{8}a^3$

이처럼 대칭성을 이용하면 문제를 쉽게 계산할 수 있다. 피타고라스 이후, 줄곧 수학자들이 대칭성을 선호한 이유를 이제는 조금 이해할 수 있으리라 생각한다.
또한 이런 유형의 문제에 대한 접근은 21장의 "평균값에서 생각하라."에서 다시 알아 보기로 하겠다.

대칭형은 중앙에 수가 있다

이번에는 대칭의 중심점에 초점을 맞춰 생각해 보자. 예전부터 바둑에 관한 격언에 "대칭형은 중앙에 수가 있다."는 말이 전해져 온다. 이것은 수학에서도 같은 식으로 적용할 수 있다.

다음 문제는 중심점에 눈을 돌리면 해답을 구할 수 있다. 이 경우, 9장의 "먼저 쉬운 경우부터 생각하라."를 참고하면 의외로 쉽게 해결할 수 있다.

> |문제|
>
> 그림과 같이 두부를 깍둑썰기를 하여 정육면체 27개로 자르려고 한다. 몇 번 칼질을 하면 될까? 최소한의 횟수를 구하고 가능하다면 그 이유도 설명하라. 단, 자른 곳을 두 번 잘라도 상관없지만 칼은 평면적으로만 사용해야 한다.
>
>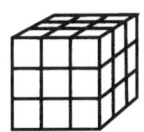

(사고법)

여러분은 6번으로 자를 수 있다는 사실을 즉시 알 수 있다. 하지만 왜 최소한의 회수가 6번인지는 설명하기 어려울 것이다.

그래서 9장의 "먼저 쉬운 경우부터 생각하라."는 발상을 이용해서 위의 문제를 간단하게 바꾸도록 한다. 즉, 쉬운 문제를 풀어본 후 그것을 어려운 문제에 적용하면 된다. 다음은 보다 차원을 낮춘 형태의 문제이다.

> |문제|
>
> 그림과 같이 떡을 9개의 정사각형으로 나누려고 한다. 몇 번 칼질을 하면 될까? 최소 값을 구하고 그 이유를 설명하라. 단, 자른 곳을 두 번 잘라도 상관없지만 칼은 직선으로만 사용해야 한다.
>
>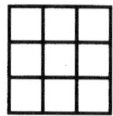

(힌트)

중앙의 정사각형 부분을 눈여겨 봐라.

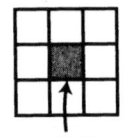

이곳을 눈여겨 봐라.

⟨해답⟩

어떤 식으로 잘라도 네 번이 최소한의 횟수라는 사실을 알 수 있다. 하지만 왜? 4번이 최소한의 횟수인지는 설명하기가 어렵다. 하지만 바둑에서 나온 격언인 "중앙에 수가 있다."를 떠올리면 해결의 실마리를 잡을 수 있다. 즉, 위와 같은 대칭 도형에서는 중간을 눈여겨보면, 쉽게 해결할 수 있는 경우가 많다.

먼저 한가운데에 있는 정사각형을 살펴보자. 이 정사각형은 변이 4개 있지만, 바깥쪽과 접하는 변은 하나도 없다. 하지만 칼질을 한 번 할 때마다 한 개의 변밖에 자를 수 없으므로, 네 개의 변을 모두 잘라내려면 최소한 네 번의 칼질을 해야 한다.

위의 문제를 이해한다면 처음의 두부에 관한 문제도 같은 원리로 풀 수 있다.

두부를 깍둑썰기로 하는 경우 6번으로 자를 수 있다는 사실을 즉시 알 수 있다. 또한 이것이 최소한의 회수라고 했다.

이번에도 한가운데를 눈여겨보는 것이 중요하다. 중앙의 작은 정육면체는 모든 면이 커다란 정육면체 내부에 들어 있으므로 6개의 면을 모두 잘라내야 한다. 따라서 최소한의 회수는 6번인 것이다.

두부의 경우

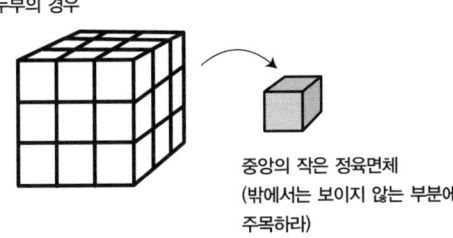

중앙의 작은 정육면체
(밖에서는 보이지 않는 부분에 주목하라)

신비한 마방진(魔方陣)[35]

정사각형인 떡을 9개로 분할하는 문제의 그림을 보고 예전부터 있던 숫자 놀이가 생각난 사람은 없는가? 이것은 마방진과 같은 형태의 문제이다. 그러나 형태가 비슷하다고 같은 것이라고는 할 수 없다. 일본 속담에 "올챙이는 개구리의 자식이지 메기의 손자가 아니다."라는 말이 있다. 아무튼 실패하더라도 뭐든지 시도해 보는 일은 발상을 풍부하게 만든다.

우선 마방진의 정의부터 살펴보자. 마방진은 아래 그림과 같은 직사각형의 3×3 틀 안에 숫자를 넣는 방법 중, 다음의 조건을 만족시키는 것을 말한다. 예를 들어, 틀의 세로와 가로 방향이 k개씩 전부 $k \times k$ 일 때는 $k \times k$ 마방진이라고 한다. 단, 이때 모든 가로와 세로, 대각선 방향을 각각 더하면 그 수치가 모두 같아야 한다. 또한 대부분의 경우 $1 \sim k^2$ (k^2는 경우의 수)의 모든 숫자를 사용해도 상관없다.

여기에서는 그 조건을 덧붙여 보겠다.

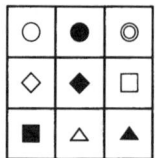

이 경우, ○+●+◎=◇+◆+□=■+△+▲
=○+◇+■=●+◆+△=◎+□+▲
=○+◆+▲=◎+◆+■

이 문제도 처음에는 시행착오를 거치게 되는데 어느 정도 실패를 거듭하다보면 구조를 파악할 수 있게 된다. 9장의 "먼저 쉬운 경우부터 생각하라."의 교훈에 따라, 우선 간단한 2×2의 경우부터 살펴보기로 하자.

---

[35] magic square, 1에서 n^2까지의 정수를 n행 n열의 정사각형 모양으로 나열하여 가로, 세로, 대각선의 합이 전부 같아지도록 한 것.

(2×2의 경우)

1	2
3	4

위의 그림은 1+2 =3, 3+4 =7이 되므로, 이런 식으로 배열하면 안 된다.

이 경우에는 가로와 세로, 대각선 방향의 덧셈의 수치가 같아지도록 만들 수가 없다. 1~4를 넣는 방법을 아무리 연구해도 위의 그림과 비슷한 형태인 3가지 종류밖에 나오지 않으며, 그 중 어느 것도 마방진이 되지 않기 때문이다.

(3×3의 경우)

그렇다면 이번에는 3×3의 경우를 생각해 보자.

가로 3행을 전부 더하면 모든 수의 합은,

$$1+2+\cdots\cdots+8+9=45$$

이고, 3×3 마방진은 모든 행과 열의 합이 15가 되어야 한다. 여기서 다른 숫자와 비교해서 중앙에 있는 숫자가 덧셈을 할 때 가장 많이 사용된다는 사실에 주목하라. 왜냐하면 중앙에 배치되는 숫자는 모든 숫자와 더해지기 때문이다. 따라서 중앙에 있는 숫자가 너무 크거나 너무 작으면 문제를 해결하기 힘들다. 예를 들어 중앙의 숫자가 4라면 어느 한쪽에 1을 넣었을 때 1+4+ □의 배열이 된다. 하지만 □ 안에 1~9까지의 숫자 중 가장 큰 9 넣어도 합은 15보다 작게 된다. 따라서 중앙에는 반드시 5를 넣어야 한다. 중앙에 5를 넣는 것이 결정되면 그 다음부터는 비교적 편하게 진행된다. 예를 들어 어느 한쪽에 4를 넣으면 4+5+ □ =15

즉, □ 안에는 6이 들어가게 된다. (6 - 5 - 4)

여러 가지 조합을 시도한 후 다음 그림과 같은 3×3 마방진을 완성했다.

4	9	2
3	5	7
8	1	6

k가 홀수일 때 $k \times k$ 마방진을 만드는 방법(k가 커지면 여러 개의 마방진을 만들 수 있는데 그 중에 특별한 방법)도 있다. 홀수일 때로 한정하는 이유는 홀수 마방진의 경우에는 정 가운데(중심)가 존재하므로 마방진을 만들기가 쉽기 때문이다. 이 점에 대해서는 19장에서 다시 설명하겠다.

최단거리로 목장에 갈 수 있는 방법은?

'최단거리에 관한 문제'는 대칭의 사고법을 효과적으로 사용하는 방법으로 예전부터 유명하다. 그럼 다음 문제를 살펴보자.

|문제|

그림과 같이 목장 A와 축사 B, 강이 있다. 축사에서 소를 끌고 강으로 데려가서 물을 마시게 한 후 목장으로 가는 최단거리는 어떻게 될까?

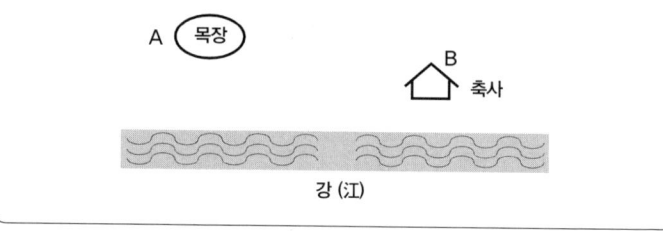

〈힌트〉

축사를 강가와 대칭인 지점으로 옮긴다고 가정하라.

〈해답〉

다음 그림과 같이 축사의 대칭점인 B′를 찍고 A와 B′를 연결한 직선과 강기슭과의 교점 C에서 물을 마시게 하면 된다.

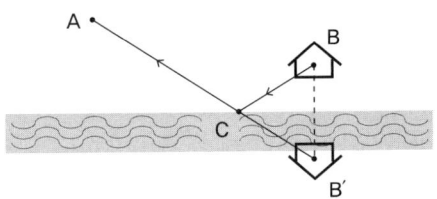

만약에 아래 그림처럼 다른 점 D에서 물을 마신다면, 분명히
AC + CB = AC + CB′ < AD + DB′ = AD + DB가 된다.

따라서 C에서 물을 마셔야 최단 거리가 된다.

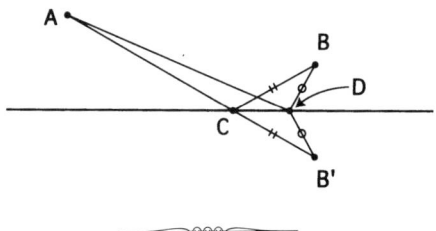

이렇듯 대칭성은 여러 분야에서 응용된다. 18장에서는 간단한 퍼즐식의 문제만을 소개했다. 하지만 대칭성은 실생활에서 좀더 다양하게 이용된다.

18장 첫 부분에 피타고라스 학파는 원과 직선을 중심으로 생각했으며 아르키메데스와 아폴로니오스는 실용성을 중시했다는 말을 했다.

그러나 이것은 어디까지나 상대적인 문제로 아르키메데스와 아폴로니오스가 다룬 타원이나 포물선이 대칭성을 가지고 있지 않다는 것은 아니다. 타원과 포물선도 대칭성이 있으며, 그렇기 때문에 좌표가 확립되지 않은 시대에 여러 가지 결과를 얻을 수 있었다. 그런데 아폴로니오스는 좌표는 생각했지만 좌표를 계산에 이용하지는 못했던 것 같다.

그렇다면 지금이 아폴로니오스 시대라고 가정하고 다음의 문제를 풀어보도록 하자. 우선 문제에 도전해 보고 다소 어렵다고 느껴지면 바로 해답을 봐도 상관없다. 복잡한 방정식 따위는 사용하지 말고 다음의 사실만을 이용하라.

타원은 2점 F, F′에서 거리의 합이 일정(임시로 a 라고 한다)한 점의 궤도라고 생각할 수 있다.

즉, 타원 위의 점 P에서는 FP + F′P = a 가 된다.

또한 타원의 바깥 쪽에 있는 점 Q에서는 FQ + F′Q $> a$, 타원 안의 점 R에서는 FR + F′R $< a$ 가 성립된다.

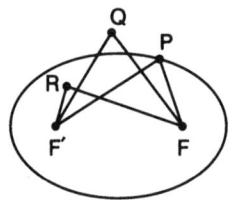

|문제|

타원인 거울을 만들었을 때 F에서 나온 빛은 F'에 도달한다는 사실을 증명하라.

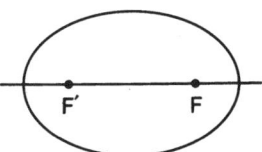

(힌트)

타원 위의 점 P에 대해서, P에서 타원에 접선 l 을 그었을 때 l 에 관한 F의 대칭점 G를 찍는다. 이때 F', P, G가 일직선 위에 있으면 된다.

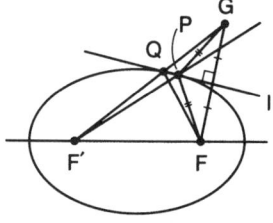

〈해답〉

G가 직선 F'P 위에 없으면 모순이 생긴다. l 과 F'G의 교점을 Q라고 하면, G와 F는 에 관한 대칭점이므로,

QF = QG, PF = PG

그러므로 F'Q + QF = F'Q + QG 〈 F'P + PG = F'P + PF
한편 Q는 타원 바깥 쪽의 점이므로 F'Q + QF 〉 a = F'P + PF

이것은 모순이다. 따라서 G는 F'P를 지나는 직선 위에 있다.

이 문제를 통해서 수학에서는 미적 감각이 중요하다는 사실을 알 수 있을 것이다.

19장 | '반복'의 법칙성에 실마리가 있다

18장에서 대칭을 찾는 문제 중, 대칭이 되지 않는 무늬는 3개의 소용돌이 무늬라고 했다. 또한 오른쪽 그림은 대칭이 되지 않는 좀 더 화려한 무늬라고 할 수 있다.

하지만 어쩐지 통일된 느낌을 주고 있어서 그냥 넘어가기에는 아쉽다는 생각이 든다. 그렇다면 이 도형의 특징은 무엇일까?

이 도형에는 반복으로 인해 생기는 아름다움이 있다.

네덜란드의 화가 에셔(Escher)는 이러한 특징을 절묘하게 이용했다. 에셔는 반복된 도형을 사용해서 '속임수 그림'을 수없이 많이 그렸다. 다음은 에셔의 작품 중에 하나이다.

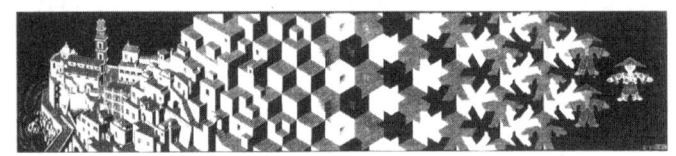

에셔의 작품

마방진을 만들어 보자

사실은 18장의 마방진 문제도 '반복의 사고법'으로 분석하면 재밌는 법칙을 발견할 수 있다. 아래의 표는 마방진 3×3의 경우, 해답인 숫자를 배열한 것으로 왼쪽과 오른쪽, 위와 아래가 반복되어 있다. 여기서 칸을 세분한 부분이 원래의 3×3 마방진이다.

2	4	9	2	4	9	2	4	9	2	4	9	2
7	3	5	7	3	5	7	3	5	7	3	5	7
6	8	1	6	8	1	6	8	1	6	8	1	6
2	4	9	2	4	9	2	4	9	2	4	9	2
7	3	5	7	3	5	7	3	5	7	3	5	7
6	8	1	6	8	1	6	8	1	6	8	1	6
2	4	9	2	4	9	2	4	9	2	4	9	2

위의 표를 보고 있으면 여러 가지 사실을 알 수 있다. 즉, 아래 그림에 나타났듯이 첫째, 화살표 아래쪽으로 그대로 내려가면 1 2 3, 4 5 6, 7 8 9가 1개씩 위치를 옮겨서 반복된다는 것을 알 수 있다.

둘째, 어느 지점에서 세로 방향 또는 가로 방향으로 세 개가 늘어선 숫자를 임의대로 선택하면, 각 계열의 첫 번째, 두 번째, 세 번째 숫자를 포함하고 있음을 알 수 있다. 따라서 세 개의 숫자를 더하면 언제나 그 합은 15가 된다.

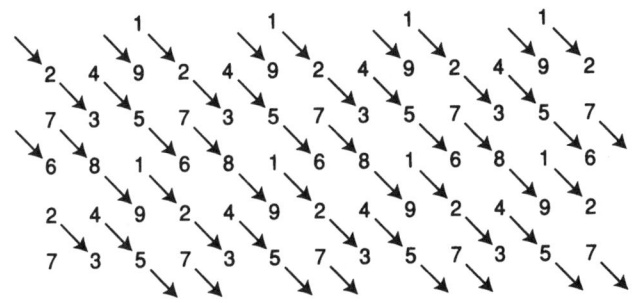

셋째, 아래의 그림처럼 중간에 숫자 5가 포함된 계열에서는 합이 15가 되고, 사선 반대 방향은 각각의 계열이 같은 순서(1, 4, 7은 첫 번째)로 되어 있으므로 한가운데에서 두 번째에 2, 5, 8이 오도록 하면 된다.

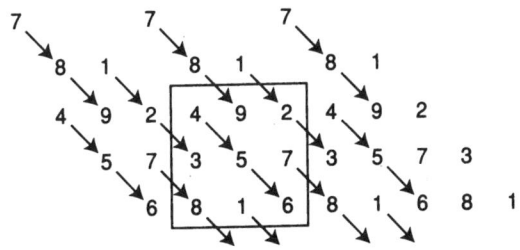

위의 세 가지 분석을 근거로 5×5 마방진을 만들어 보자.
다음 그림의 위쪽 부분을 살펴보아라. 3×3일 때와 마찬가지로 위치를 조금 옮겨서 숫자를 배열했다. 또한 1~25의 중간인 숫자 13이 한가운데 오도록 5×5의 표를 만들면 된다.

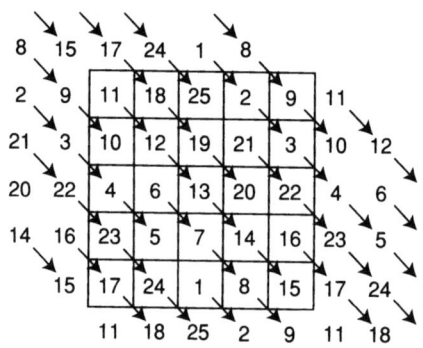

이렇게 해서 아래 그림처럼 5×5의 마방진을 완성했다.

11	18	25	2	9
10	12	19	21	3
4	6	13	20	22
23	5	7	14	16
17	24	1	8	15

이런 방법을 이용하면 일반적인 홀수 에 대해서도 의 마방진을 만들 수 있다. 단, 3×3의 경우에는 마방진이 단 1개의 형태밖에 없지만 일반적인 홀수 k에서는 1개가 아닐 수도 있다.

그럼 이런 방법으로 나중에 꼭 7×7 마방진을 만들어 보아라.

20장 | 끊임없이 연필을 돌려라

도형은 재밌어야 한다

앞에서 나는 피타고라스, 유클리드의 수학과 아르키메데스, 아폴로니오스의 수학을 비교한 이야기를 몇 가지 소개했다.

아르키메데스의 수학은 형태가 그대로 남아있지만, 유럽의 수학은 다른 형태로 변화했다. 아르키메데스가 활약했던 시칠리아섬의 도시 시라쿠사(siracusa)는 로마군의 공격을 받아 멸망했는데, 이 때 아르키메데스가 발명한 여러 가지 병기가 로마군을 상당히 괴롭혔다는 내용이 역사책에 그대로 기록되어 있다.

아르키메데스는 제 2차 포에니 전쟁(BC 218~201) 중에 사망했으며, 이와 함께 그가 쓴 서적의 대부분도 사라졌다. 그런데 나중에 생각지도 못한 장소에서 그 서적들이 발견되었다. 하지만 이미 유클리드의 『기하학 원론』이 표준 교과서로 자리 잡은 후였다.

유럽은 아폴로니오스 이후에 수학의 역사에서 중세라고 할 수 있는 '암흑시대'를 맞게 된다. 이 시기는 계속되는 민족의 대이동과 약탈 등 정치적·경제적인 측면에서 변화가 극심한 시기였다. 그런데 어떤 수학자는 수학이 '암흑시대'를 맞은 이유가 재미없는 유클리드의 『기하학 원론』에 있다고 주장하기도 한다. 암흑시대의 또 하나의 특징은 수학이 직관을 배제한 연역적인 자세를 취했다는 점에 있다.

그리고 현재의 수학 교육에도 이러한 특징이 계승되어 있다. 원래 재미있어야 할 도형에 관한 수업이 형식적인 '치밀함을 강조하는 사상'에 의해 엉망이 되어버렸다. 이런 의미에서 나는 해답이 다소 형식에서 벗어나더라도 이해할 수 있게 설명되어 있으면 칭찬해 주고 싶은 생각이 든다.

나는 이미지를 떠올릴 수 있는 수학이 좀 더 고급 수학이라고 생각한다. 이러한 의미에서도 "도형을 재미있게 만들라."며 크게 외치고 싶다.

이러한 생각으로 만들어 낸 것이 지금부터 소개할 '연필 돌리기'라는 방법이다.

다음의 문제를 풀어보자.

|문제|

다음 그림의 x, y의 각도를 구하라.

(1)   (2)

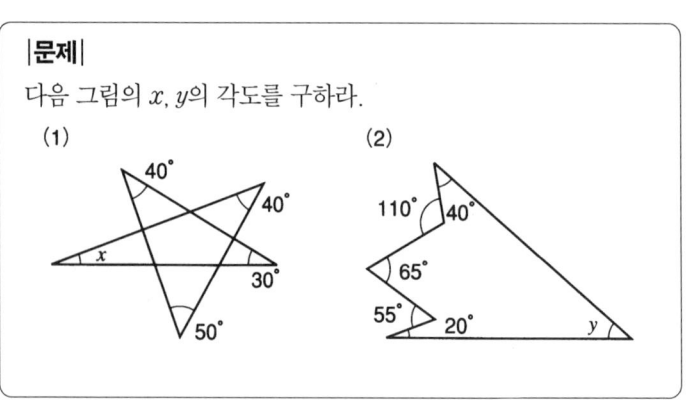

(힌트 1)

먼저 12장에 소개한 '각이 홀수인 별 모양 다각형의 내각의 합은

180°라고 했던 내용을 다시 떠올려라.

그리고 어느 중학교 입시 대비 학원 교재에 문제 (2)는 "6각형의 내각의 합이 720°라는 사실을 이용하라."고 쓰여 있었다고 한다.

(힌트 2)

다른 방법은 또 없는지 생각하라. 힌트는 20장의 제목인 '연필을 돌려라'이다.

〈해법 1〉

문제 (1)은 〈힌트 1〉의 방법으로 풀 수 있다.

$180° - 70° - 90° = 20°$

(정답) $x = 20°$

문제 (2)는 '6각형의 내각의 합이 720°'라는 점을 이용하면 다음과 같다.

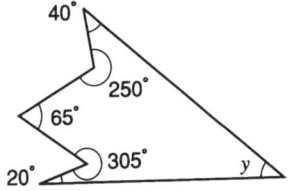

따라서 $720° - 40° - 250° - 65° - 305° - 20° = 40°$

(정답) $y = 40°$

이 경우에는 별로 복잡하지 않기 때문에 이런 방법에 의문을 품는 사람은 별로 없을 것이다. "이렇게 쉽다니!"라는 생각을 가진 사람은 다음 문제로 넘어가라. 하지만 만일 "어렵다."고 느낀 사람이 있다면

〈해법 2〉의 '연필 돌리기'를 더 연구하라.

〈해법 2〉

(1) 이 문제는 12장의 '각이 홀수인 별 모양 다각형의 내각의 합은 $180°$'라는 점을 이용해서 푼다. 먼저 그 사실을 확인하기 위해 연필을 시계 반대 방향으로 돌린다. 우선 아래 그림과 같이 $x°$ 부분에서 시작하면 새로운 변으로 연필이 이동한다. 연필을 그 앞으로 이동시킨 후, 그곳에서 $40°$ 돌리면 다시 새로운 변으로 가게 된다. 그 앞에서 이번에는 $50°$를 회전하고, 다음에는 $40°$, $30°$를 돌리면 마지막에 처음의 변으로 돌아간다. 이때 연필의 방향은 반대가 된다.

즉, 연필은 정확히 반회전(半回轉)했기 때문에 지금까지의 회전한 각도를 모두 더하면 $180°$가 된다. 12장의 내용을 상당히 재밌는 방법으로 확인했다.

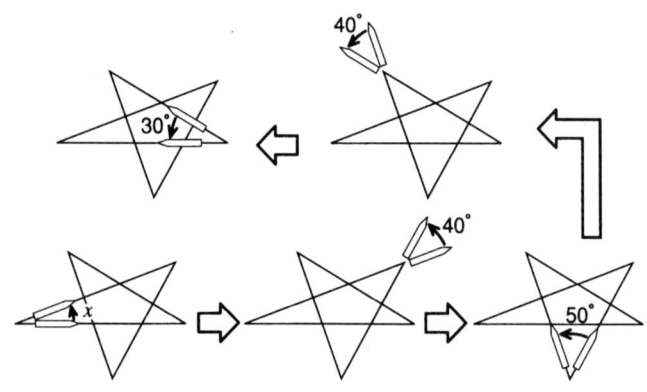

따라서 문제 (1)의 각 $x = 180° - 40° - 50° - 40° - 30° = 20°$

(정답) $x = 20°$

(2) '연필 돌리기'를 통해 풀어 보자.

아래 그림의 a에서 b를 향한 y의 회전량을 왼쪽의 비죽비죽 튀어나온 부분으로 나타낸다.

a에서 왼쪽으로 연필을 돌린다. ①처럼 돌리고, 이것을 밑으로 이동해서 ②처럼 돌리고, ……, 마지막에 ⑤처럼 돌리면 b와 같은 방향이 된다. 즉, a에서 b까지 회전한 양은 ①~⑤의 조작으로 회전한 양과 같다. 즉, 각을 계산할 때 시계 방향으로 돌린 분량을 빼면 된다.

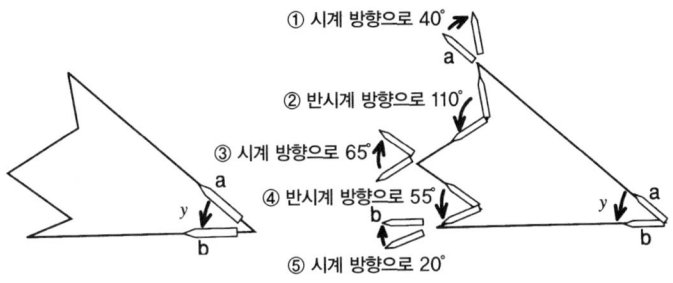

$y = 110° + 55° - 40° - 65° - 20° = 40°$

(정답) $y = 40°$

이런 '연필 돌리기'의 장점은 각이 홀수인 별 모양 다각형의 내각의 합은 180°이라는 정리가 어떤 연구나 계산도 필요 없이 자연스럽게 나온다는 점이다(연필을 반회전시켰기 때문에).

〈해법 1〉에서는 내각의 합의 정리를 알고 있기 때문에 문제를 풀 수 있었던 것이다.

그럼 다음 문제를 '연필 돌리기'를 이용해서 풀어보고 그 위력을 확인하도록 하라.

|문제|

다음 그림의 z와 w의 각도를 구하시오.

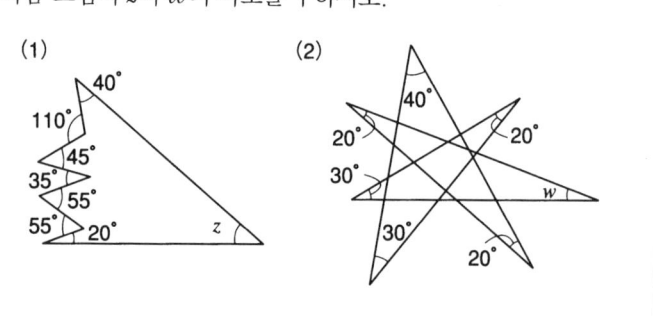

⟨해답⟩

(1) 연필 돌리기에서 시계 방향으로 돌린 분량을 빼고, 시계 반대 방향으로 돌린 분량은 더하면,

$z = 110° + 35° + 55° - 40° - 45° - 55° - 20° = 40°$

(정답) $z = 40°$

(2) 각이 홀수인 별 모양 다각형의 내각의 합은 앞의 문제를 푼 것과 마찬가지로 연필을 돌려 봤을 때 180°가 된다.

따라서 $w = 180° - (20° + 30° + 30° + 20° + 40° + 20°) = 20°$

(정답) $w = 20°$

이와 같은 각도에 관한 문제는 공무원 시험 등 여러 시험에 자주 출제된다. 연필 돌리기를 이용하면 쉽게 풀 수 있다.

|문제|

다음과 같은 도형에서 그림에 나타난 ∠x + ∠y는 몇 도가 되는가? 보기 중에서 옳은 답을 선택하라.

(1) 90°
(2) 80°
(3) 70°
(4) 60°
(5) 50°

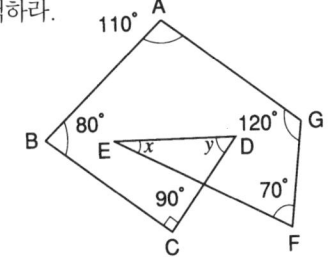

(국세 전문가 채용 시험에서 발췌)

⟨해답⟩

변 AB에 연필을 올려놓고 방향을 종이에 기록한 후, 연필 돌리기를 시작한다. 계속 시계 반대 방향으로 돌리다가, CD 근처에서 한 번을 돌리면 AB의 방향과 거의 같아진다. 여기서 약 360° 회전했다. 그리고 연필 돌리기를 계속하면 마지막에 변 AB에서 방향이 반대가 된다. 즉, 모든 각을 더하면 360° + 180° = 540°가 된다.

따라서 540° - (110° + 80° + 90° + 70° + 120°) = 70°에서,

$x + y$ = 70°

(정답) (3) 70°

이 문제보다 훨씬 더 복잡한 문제도 있다. 아무튼 문제가 복잡해지면 복잡해질수록 연필 돌리기의 즐거움은 더할 것이다.

연필 돌리기는 간단하고 상상력을 높일 수 있는 방법이기 때문에 이용하는 사람이 많았다. 하지만 '치밀하지 않다'는 단점 때문에 점

점 외면을 당했다. 나는 연필 돌리기를 발견했을 때 매우 기뻤지만, 나중에 데라사카 히테타카(寺阪英高)의 『비유클리드 기하학의 세계』 (고단샤 블루 백스)에 이 방법이 소개되어 있는 것을 발견하고는 크게 실망했다. 왜냐하면 나만 알고 있는 방법인 줄 알았기 때문이다.

어쨌든 이번에 바뀐 학습지도요령의 산수 과목에 "각도를 회전량으로 알아낸다."는 내용이 실려 있어 상당히 기분이 좋았다. 나는 연필 돌리기를 통해 도형이 '치밀함을 강조하는 주의'에서 조금이라도 벗어났으면 좋겠다는 생각을 가지고 있다.

21장 | 평균값에서 생각하라

수학에 '평균값 정리'라는 것이 있다. 평균값 정리는 다음의 그림과 같이 유연한 곡선을 지닌 함수에 대해서 "그 양쪽을 연결한 선분과 평행인 접선이 반드시 존재한다."는 것이다.

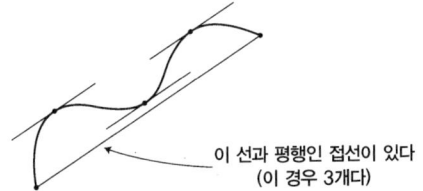

이 선과 평행인 접선이 있다
(이 경우 3개다)

만일 여러분 중에 이것을 읽고 "어째서 평균값이지?"라는 의문을 품는 사람이 있다면, 상당히 수학 감각이 뛰어나다고 할 수 있다. 왜냐하면 전혀 '평균값' 답지가 않기 때문이다.

사실 '적분 평균값 정리'를 배워야 비로소 이 정리가 평균값과 깊은 관계가 있다는 사실을 알 수 있다. 그러나 적분 평균값 정리는 교과 과정이 아니므로 어쩔 수 없다.

적분 평균값 정리는 다음과 같다(식은 제시하지 않겠다). 그림에서 곡선으로 둘러싸인 부분의 면적은 곡선 위에 있는 한 점을 높이로 하는 직사각형과 같아진다는 것이다.

> **《적분 평균값 정리》**
>
> $y = f(x)$와 x축의 사이에 있는 부분 $\alpha \leq x \leq \beta$ 범위의 넓이 $\left(\int_{\alpha}^{\beta} f(x)dx\right)$을 S라고 하면,
> S $= f(a) \times (\beta - \alpha)$가 되는 a가 존재한다.
>
>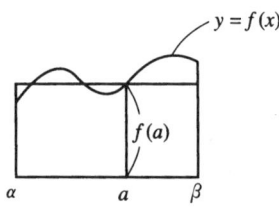

평균값에 대한 사고법은 공학에서 자주 사용된다. 원래 적분은 면적을 구하기 위해 생겨났다. 하지만 함수가 주어진다고 해도 적분 계산이 불가능한 경우가 있기 때문에 '적분의 평균값 정리'가 등장했던 것이다.

공학에서는 실험치를 구하기 때문에 대략적인 수치만 알면 된다. 그래서 그래프를 그린 후 겉보기에 직사각형과 비슷하면 그 사실이 인정된다.

이는 15장의 "대략적으로 생각해서 좋은 경우가 있다."와 같은 세계라고 할 수 있다. 이 경우 평균값을 제시한 $f(a)$가 중요한 역할을 차지한다. 평균값의 사고법은 수학적으로도 매우 편리한 방법이다.

|문제|

A~I까지 9명의 시험 점수가 각각 82점, 58점, 88점, 72점, 70점, 62점, 74점, 66점, 70점이다. 여기에 J의 점수를 합쳐서 평균을 냈더니 평균 점수가 70점이 되었다. 그렇다면 J의 시험 점수는 몇 점인가?

〈힌트〉

J의 점수를 x로 놓고 모든 점수를 합쳐서 인원수로 나누면 평균 점수가 70점이 된다. 이제 x의 값을 구하면 된다. 하지만 좀더 편한 방법은 없을까?

〈해답〉

평균 점수인 70점을 기준으로 삼아 그것보다 위라면 +, 그것보다 아래라면 -로 계산하면 최종적으로 0이 된다. 여기서 J 이외의 점수를 계산하면,

+ 12 - 12 + 18 + 2 + 0 - 8 + 4 - 4 + 0 = + 12

따라서 J는 기준보다 - 12 가 된다.

그러므로 J의 점수는 70 - 12 = 58

(정답) 58점

―――◆◆◆◆―――

학생들이 대부분 평균점에서 맴도는 점수를 받았고, 계산 과정에서는 소거를 사용해서 아주 쉽게 답을 구할 수 있다.

평균 점수를 모르는 경우에는 어림잡아 가평균을 정해 놓고 계산하면 된다.

평균값을 사용하면 이렇게 쉬워진다

이번에는 평균값에 대한 사고법을 이용한 도형 문제를 소개하겠다.

| 문제 |

다음의 직사각형의 판자는 밑면의 꼭지점 A만이 평평한 탁자에 닿고 나머지 세 꼭지점 B, C, D는 탁자에서 높이 h_B, h_C, h_D의 관계인데 다음 중 옳은 것은 무엇인가?

(1) $h_C^2 = h_B \cdot h_D$

(2) $h_C^2 = \dfrac{1}{2}(h_B^2 + h_D^2)$

(3) $h_C = \dfrac{1}{2}(h_B + h_D)$

(4) $h_C = h_B + h_D$

(5) $h_C^2 = h_B + h_D$

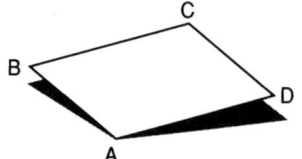

(공무원 시험 문제에서 발췌)

(힌트)

다음 그림의 A와 C의 높이의 평균값과 B와 D의 높이의 평균값을 비교하라.

〈해답〉

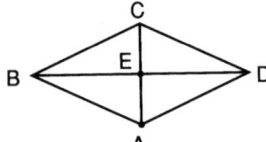
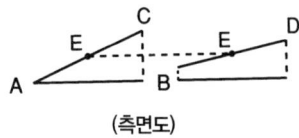
(측면도)

직사각형의 대각선의 교점을 E라고 하면 E는 2개의 대각선의 중점이다. 이때 E의 높이인 h_E는 중점이므로 $h_A(=0)$과 h_C의 평균값이고 h_B와 h_D의 평균값이기도 하다.

중점 E의 높이를 h_E라고 하면,

$$h_E = \frac{h_A + h_C}{2} = \frac{h_B + h_D}{2}$$

h_A는 0이므로,
$h_C = h_B + h_D$
(정답) (4) $h_C = h_B + h_D$

이 문제도 정밀한 좌표를 이용하면 식이 너무 복잡해진다. 이번에도 평균값을 이용했다.

이제까지 나온 문제 중에서 이것과 비슷한 문제를 평균값으로 풀면 어떻게 될지 잠시 생각해 보자. 다음 문제는 대칭성에 관한 설명을 했을 때 나온 문제와 비슷한 문제이다.

|문제|

다음의 A, B, C의 3점을 지나는 평면으로 잘라낸 입체의 아래 부분의 부피를 구하시오.

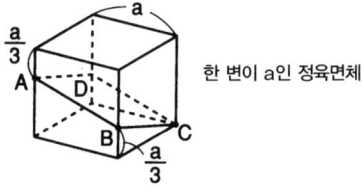

한 변이 a인 정육면체

(힌트)

이 문제는 대칭성을 이용해서 풀 수 있다. 그러나 '적분 평균값 정리'의 문제라고 생각할 수도 있다.

즉, 이 평면의 평균의 높이를 구해서 밑넓이를 곱하면 된다.

〈해법 1〉

평면의 단면에 또 1개의 점을 D라고 하면 ABCD는 평행사변형으로 AC의 중점 E가 전체의 중심이 된다. 따라서 E의 높이가 전체 높이의 평균값이다.

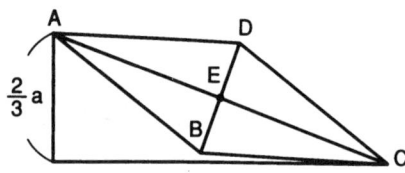

따라서 E의 높이는,

$\frac{1}{2}\left(\frac{2}{3}a+0\right)=\frac{1}{3}a$ 가 되기 때문에,

구하는 부피는,

$\frac{1}{3}a \times a^2 = \frac{a^3}{3}$ 이 된다.

〈해법 2〉

대칭성을 이용하는 방법에 대해서는 18장 "대칭성에 주목하라."를 참조하라.

두루마리 휴지의 길이도 평균값으로 구할 수 있다

다음은 8장에서 나온 두루마리 휴지의 길이를 측정하는 문제이다. 그때는 소개하지 않았지만 사실은 이 문제도 평균값을 사용해서 풀 수 있다. 지금 문제는 약간 수치를 변경해 봤다.

|문제|
아래 그림의 두루마리 휴지의 길이를 구하라.

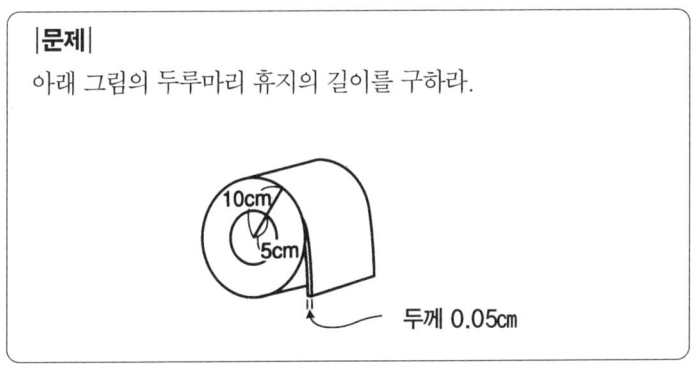

(힌트)

먼저 넓이를 이용해서 길이를 구하는 방법부터 알아보자. 그 다음에 평균값을 이용하는 방법으로 풀어보자.

〈해법 1〉

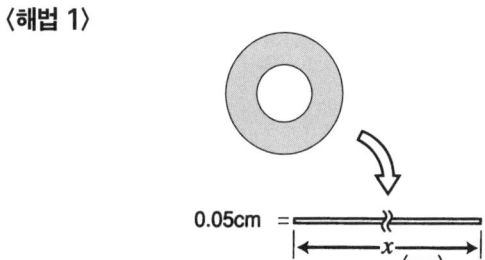

두루마리 휴지가 감겨진 상태의 동심원의 넓이와 풀어놓았을 때 옆에서 본 직사각형의 넓이가 같기 때문에,

$75\pi = 0.05x$

따라서 $x = \dfrac{75\pi}{0.05} = 1500\pi$ (cm) $\fallingdotseq 47$ (m)

(정답) 47m

〈해법 2〉

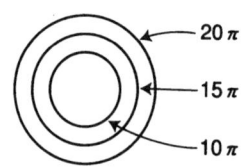

가장 바깥쪽의 원둘레의 길이는 20π이고, 가장 안쪽의 원둘레의 길이는 10π이다.

그러므로 원둘레의 평균 길이는 $(20\pi + 10\pi) \div 2 = 15\pi$

이것이 100번 ($5 \div 0.05$) 감겨져 있다.

따라서 구하는 길이는,

$15\pi \times 100 = 1500\pi$ (cm) $\fallingdotseq 47$ (m)

(정답) 47(m)

22장 | 늘이거나 줄여라

형태는 달라도 연결 상태는 같다

아래쪽의 왼쪽 그림은 2장에서 설명했던 '쾨니히스베르크 다리 건너기 문제'이다.

이것을 중간이나 오른쪽 그림처럼 변형하면 원래 그림과 어떻게 달라질까? 만약에 산책로에 관한 그림이라고 하면 이것은 완전히 다른 문제가 된다.

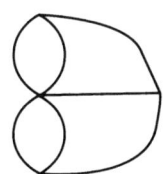 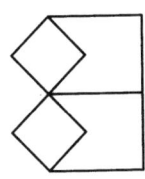 

그러나 나는 여러분에게 "이 경우 변형으로 생기는 차이는 무시해도 된다."는 사실을 알려주고 싶다. 이것은 문제를 접할 때 중요한 관점이 된다.

같은 쾨니히스베르크 문제라도 산책로의 길이를 묻는 문제라면 위와 같은 변형이 절대로 허용되지 않는다.

여기에서는 다리를 건너는 일이 곡선을 지나는 한붓 그리기 문제로 바뀌었기 때문에 곡선의 길이나 굴곡은 신경 쓰지 않아도 된다. 오로지 연결 상태에만 관심을 집중하면 된다. 그림을 변형해도 아무런 상관이 없는 것이다.

그림을 이렇게 늘이거나 줄여서 자유자재로 취급할 수 있는 이유는 '연결 상태' 이외의 정보는 무시해도 되기 때문이다. 즉, '연결 상태'는 바꾸지 않고, 다른 상황을 자꾸 변화시켜 그림을 알기 쉽도록 만드는 것이 중요하다.

흔히 "수학은 기본적인 학문이다."라고 한다. 왜냐하면 수학은 여러 학문(특히 자연 과학)의 기초가 되거나 조건식을 나타낼 때 사용되며, 위의 예처럼 명확한 형태에서 "이 문제의 본질은 무엇인가, 무엇이 중요하고 무엇을 바꾸어도 괜찮은가?"를 추구하고 이러한 훈련을 할 수 있는 학문이기 때문이다.

이미 여러 번 이야기했듯이 '이 문제에서는 무엇이 본질이고, 무엇이 중요한지?'를 추구하는 능력은 '읽기, 쓰기, 계산' 능력과 함께 단련해야 한다. 사고력은 다른 사람에게 어떤 사실을 전달할 때 핵심을 집어주거나 필요 없는 것을 제거해 준다. 그리고 문제를 알기 쉽게 만들어 주는 역할을 한다.

예로부터 수학과 문장 표현력은 깊은 관련이 있다고 했다. 예를 들어, 가우스는 수학과 언어학 중에 어떤 것을 선택할지 고민했고, 파스칼은 팡세(명상록)로 더욱 유명해졌다.

토폴로지는 '고무 도형의 기하학'

도형의 연결된 상태만 보는 관점을 '토폴로지'라고 한다. 여기에서는 도형이 연결되어 있느냐 연결되어 있지 않느냐가 문제가 된다. 이러한 관점 때문에 토폴로지에서는 도형을 늘이거나 줄여도 아무런 상관이 없다.

따라서 토폴로지는 '고무 도형 기하학'이라고 할 수 있다. 즉, 늘이거나 줄이거나 겹쳐진 것도 같은 도형으로 취급된다.

고무로 만들어진 삼각형을 늘이면 원이 된다. 마찬가지로 사각형도 늘이면 원이 된다. 아마 토폴로지만큼 대략적인 개념이 사용된 기하학은 없을 것이다.

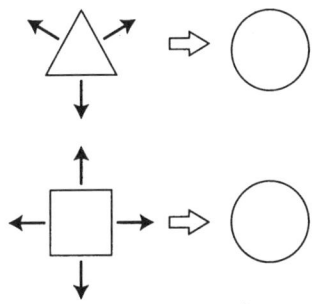

하지만 고무를 늘이거나 줄이는 일은 어쩐지 제멋대로인 사고법이라는 생각이 든다. 앞에서 설명한 한붓 그리기 문제는 "퍼즐에 불과하지 않은가? 실제로 너무 대략적이어서 별 도움이 되지 않는다."는 의문도 있을 것이다. 그래서 지금부터 이런 사고법의 장점을 소개해 보겠다.

현실 생활에서 훌륭한 역할을 하는 대략적인 개념이 사용된 그림은 지하철역이나 기차역에 표시된 운임표나 노선도가 있다. 직접 역까지 가는 것이 귀찮으므로 아래의 시각표를 살펴보는 데서 그치기로 하자.

시각표 처음에는 노선도가 실려 있다. 예를 들어 아래 그림의 무사시노(武藏野)선의 A에서 B와 우치보우(內房)선의 C에서 D를 비교하면 A에서 B쪽이 1.5배 정도 길게 보인다. 그러나 실제로는 C에서

D의 쪽이 거리가 1.5배 길다.

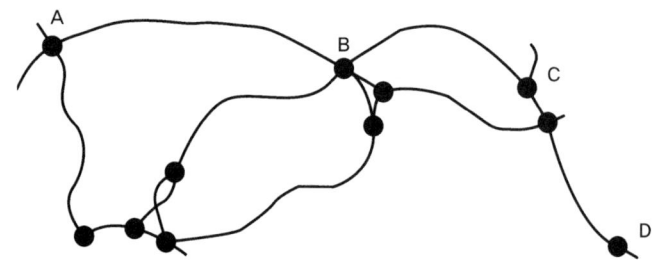

노선도에서 길이는 운임을 계산하기 위해서도 필요하지만 어디에서 갈아탈지 어디와 어디가 연결되어 있는지가 중요한 정보가 된다. 따라서 노선도에는 토폴로지 지도가 사용된다.

이처럼 "도형이 고무로 되어 있다."는 말은 연결 상태를 본질로 보는 사고법으로 노선도 외에도 알파벳 등 문자를 식별하거나 전기 회선 설계에도 유용하게 사용된다.

여기서 강조하고 싶은 점은 사물의 본질을 좀더 확실히 발견하기 위해서는 길이나 넓이 등 중요하게 여겨지지 않는 사항은 가볍게 바라볼 줄 알아야 한다는 사실이다.

성냥개비 도형 놀이

다음은 공무원 시험에 출제된 적이 있는 문제로 처음에는 간단하지만 갈수록 어려워진다. 그럼 지금부터 성냥개비를 이용한 문제를 살펴보자.

| 문제 |

같은 길이의 성냥개비를 몇 개 사용해서 다음의 세 가지 법칙으로 도형을 만든다.

① 꺾어서는 안 된다.
② 도형으로 연결되어 있다.
③ 붙일 수 있는 부분은 성냥개비의 끝과 끝이다.

위의 법칙을 지켜서 만든 도형을, 고무로 만들었다고 생각했을 때 모두 몇 종류를 만들 수 있을까?

성냥개비 개수가 적은 것부터 시작하라.

(a) 성냥개비가 3개일 때
(b) 성냥개비가 4개일 때
(c) 성냥개비가 5개일 때

〈해답〉

(a) 성냥개비가 3개일 때
아래와 같이 3가지 경우가 있다.

교차점이 없다(외길)　　삼거리　　고리 모양 부분이 있다

(b) 성냥개비가 4개일 때 고리 모양 부분이 없거나 한 개 존재한다. 또한 삼거리와 네거리도 한 개밖에 만들 수 없다. 그래서 다음과 같은 표를 만들어 알아본다.

구 분	고리 모양이 없다	고리 모양이 1개 있다	고리 모양이 2개 있다
교차점이 없다	∧∧	◇	
교차로 1개	┬	Y	
교차로 2개			
십자로 1개	┼		

(b) 성냥개비가 5개일 때

위의 표에 '오거리 1개'를 추가해서 같은 식으로 표를 만들어라.

구 분	고리 모양이 없다	고리 모양이 1개 있다	고리 모양이 2개 있다
교차점이 없다			
삼거리 1개			
삼거리 2개			
십자로 1개			
오거리 1개			

23장 | 차원을 높여라

면적에서 길이를 구하라

두루마리 휴지의 길이를 측정하는 문제를 다시 한번 떠올려라. 문제 해결을 위한 방법에는 여러 가지가 있다. 그 중에서 가장 간단한 방법이 면적을 이용하는 것이다.

길이를 구하는 데 면적이 사용된다는 점이 의외라고 생각될지도 모르겠다. 보통 우리는 문제를 간단히 만들기 위해서 입체 도형을 평면으로, 평면 도형을 선분의 길이 등으로 바꾸어 계산한다.

예를 들어, 삼각형이 합동인지 알아보려면 변의 길이나 각도를 조사해야 한다. 즉, 2차원의 사물을 1차원으로 바꾸어 판단한다. 이것은 분석적인 방법이며, 근대 과학의 방향이라고 할 수 있다.

그런데 최근 이러한 분석에 대해 '종합'의 중요성이 강조되고 있다. 한때 '적분의 시대'란 말이 유행된 적이 있는데, '미분'은 '분석'이고, '적분'은 '종합'이라는 개념이다. 두루마리 휴지의 길이 측정 문제도 적분의 사고법으로 간단히 풀 수 있다. 얼마 전에 내가 쓴 『미분과 적분 연구』(일본 실업 출판사, 1982년)가 베스트셀러가 되기도 했다.

실제로 면적에서 길이를 구하려는 생각은 분석과 종합의 관계가 반대가 되어 새로운 시점이 탄생하는 사고법으로, 문제가 간단해지는 경우가 많다.

그렇다면 '종합적 방법'의 장점에 대해 알아보도록 하자. 다음 문제는 17장의 초콜릿 분할 문제와 비슷한 유형으로, 이 문제를 해결하면 종합적 방법에 대해 이해할 수 있을 것이다.

|문제|
다음의 초콜릿을 오른쪽의 2가지 형태로 5등분 하는 것이 가능한가?

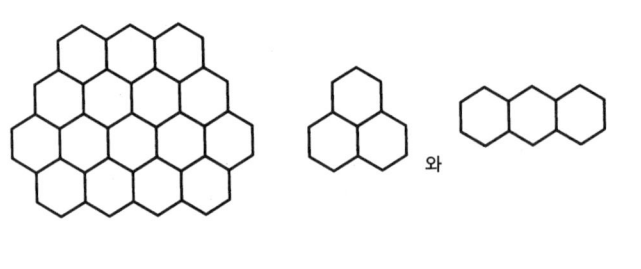

⟨해답⟩

이 문제는 앞에 나온 문제와 "거의 같은 형태이므로……" 색을 나누어 칠해서 이 문제를 해결하려는 사람이 있을지도 모르겠다. 물론 이런 식으로도 답을 구할 수 있다. 그러나 위의 문제는 다른 방법으로 풀어야 좀더 간단하게 해결할 수 있다.

전체 넓이는 6각형 16개 분량으로 이루어졌다는 사실을 인식하면 색깔을 나누어 칠할 필요도 없이 문제를 해결할 수 있다. 6각형 1개의 넓이가 1이라고 할 때 전체 넓이는 16이고, 주어진 2개의 형태는 각각 넓이가 3이다. 그런데 나누어진 초콜릿 5조각은 3×5=15가 되어야 하는데 이 문제는 6각형이 16개로 되어 있다. 따라서 5등분 하는 게 불가능하다는 사실을 알 수 있다. 이 문제를 다다미를 까는 문제에 비유하면 "다다미 7장을 다다미를 7.5장 깔아야 하는 방에 딱 맞게 깔아라."라는 셈이 된다.

다음은 '넓이에서 길이를 구하는' 발상법을 좀더 본격적으로 이용한 문제이다.

|문제|
아래의 왼쪽 그림과 같이 작은 정사각형 5개로 이루어진 십자 모양의 도형을 적당히 잘라, 오른쪽 그림과 같이 큰 정사각형으로 만들어라.

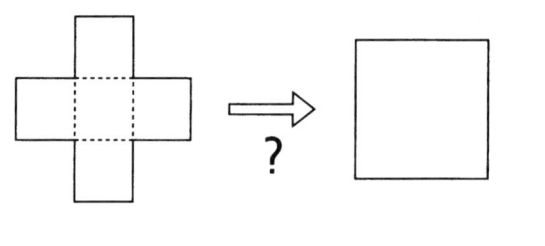

(힌트 1)
큰 정사각형의 한 변의 길이는 어떻게 될까?

(힌트 2)
작은 정사각형의 한 변을 1이라고 할 때 넓이는 1이 된다. 따라서 작은 정사각형 5개로 이루어진 십자 모양의 도형의 넓이는 5가 된다.

십자 모양의 도형을 잘라, 큰 정사각형이 되도록 배열해도 결국 넓이는 변하지 않기 때문에 큰 정사각형의 넓이는 5가 된다. 즉, 큰 정사각형의 한 변의 길이는 $\sqrt{5}$ 가 된다.

따라서 주어진 선분이 $\sqrt{5}$ 라고 생각하면 이 문제는 반 이상 푼 셈이 된다.

〈해답〉

피타고라스의 정리를 통해 2변의 길이가 1과 2인 직각삼각형의 빗변이 $\sqrt{5}$ 가 된다는 사실을 알 수 있다. 십자 모양의 도형에서 $\sqrt{5}$ 의 선분이 발견되면 그 다음은 약간 더 연구해서 조합하면 문제를 쉽게 해결할 수 있다.

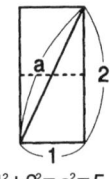

$1^2 + 2^2 = a^2 = 5$

예를 들어 아래 그림의 (1)과 (2)를 살펴보면 (2)는 자르는 회수가 2번이고, 이것은 최소한의 회수이므로 훌륭한 해답이다. 18장의 "대칭형은 중앙에 수가 있다."의 두부 자르기 문제를 떠올리길 바란다. 그런데 그림 (1)은 대칭으로 자르는 법이라서 이해하기가 쉽지만 네 번 잘라야 한다. 그 밖에도 자르는 법이 여러 가지 있으므로 꼭 도전해 보길 바란다.

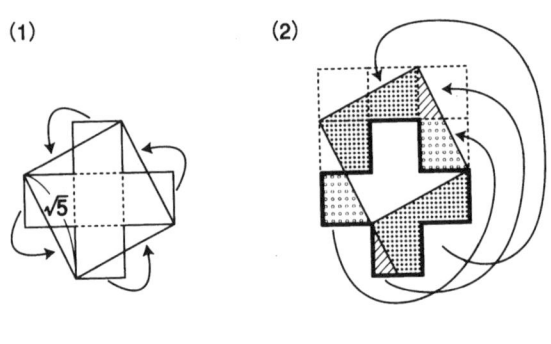

그림 (1)과 (2)는 겉모습은 완전히 달라 보인다. 그러나 23장의 주

제인 "차원을 높여라."라는 측면에서 살펴볼 때 2개의 자르는 법은 같은 종류임을 알 수 있다.

이 사실을 확인하기 위해서 위의 그림 (1)과 (2)의 중간인 자르는 법(1.5)에 대해 생각해 보자.

|문제|

다음 그림의 (1)과 (2)의 중간 방법인 (1.5)는 어떤 방법인지 설명하라.

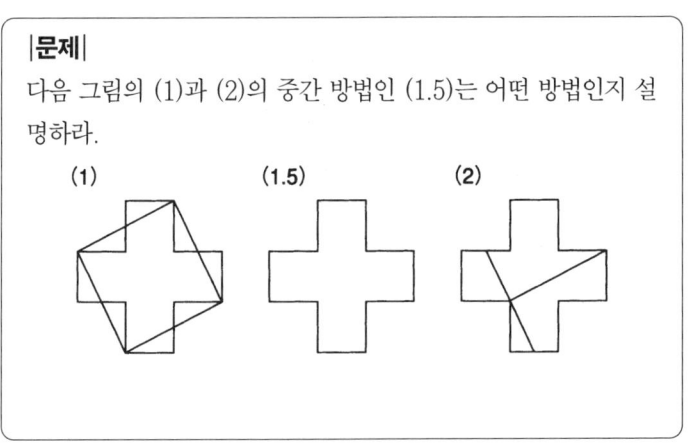

(힌트)

이해하기 쉽도록 잘라서 생긴 정사각형에 모눈종이의 선을 그어보았다. (1)의 P를 (2)의 P'로 이동했다고 생각할 수 있다.

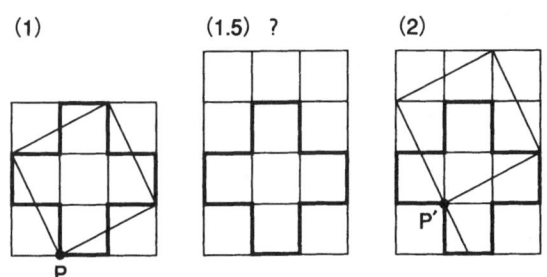

⟨해답⟩

P와 P′의 중간을 P″라고 하고, P″를 지나도록 자르면 다음 그림과 같이 된다.

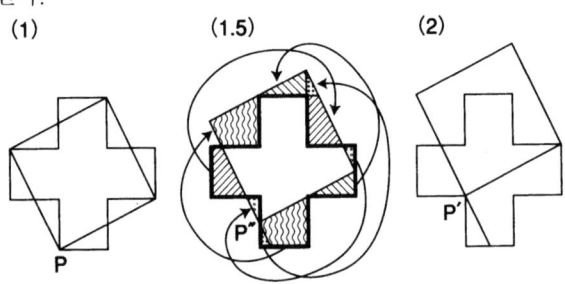

이런 식으로 생각하면 (1.5) 이외에도 (1.8)이나 (1.2) 등 자르는 법이 여러 개 있을 수 있다. 그러나 (1)이나 (2)처럼 깨끗하게 잘라진다는 보장은 없다.

지난번에 개최된 수학 학회 50주년 기념 행사인 시민 강연회에 필드상(Fields Medal) 수학의 업적에 대해서 주어지는 국제적인 상을 수상한 모리 시게후미(森重文) 씨가 참석했는데 그때 모리 씨는 이 문제의 좀더 발전된 해법을 나에게 보여줬다. 그는 2장의 OHP 스크린 위에 영상을 확대 투영할 수 있는 광학계 투영기기 용지에 각각 십자 모양의 도형과 선분이 $\sqrt{5}$인 정사각형을 그렸다. 그리고 선분이 $\sqrt{5}$인 정사각형을 이리저리 이동시키거나 회전해도 그 정사각형의 변인 선에서 잘라낸 십자 모양의 도형을 정사각형으로 만들 수 있다고 보여줬다. 생각해 보면 자르는 법이 보기 좋은가 그렇지 않은가의 차이는 있지만 결국 넓이는 같기 때문에 여러 가지 자르는 법이 가능한 것이다.

모범 답안도 모범이 아니다

다음 문제는 NHK TV의 "의무 교육 이대로 좋은가?"에서 제시된 문제이다.

|문제|

그림의 AB=AC인 이등변 삼각형에 대해서 CE⊥AB, BD⊥AC라면 BD=CE임을 증명하라.

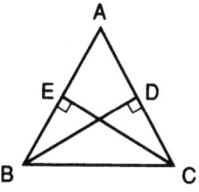

(힌트 1)

삼각형의 합동 조건을 복습해 보자. 다음 조건 중에 하나일 때 2개의 삼각형은 합동이다.

① 대응하는 3변의 길이가 각각 같을 때
② 대응하는 2개의 변과 그 사이의 각이 각각 같을 때
③ 대응하는 2개의 각과 그 사이의 변이 각각 같을 때

① 3변이 같다   ② 2변과 그 사이의 각이 같다

③ 2각과 그 사이의 변이 같다

또한 2개의 삼각형이 직각삼각형일 때는 피타고라스의 정리는 성립하고 1개의 각이 정해져 있다. 따라서 ②, ③의 조건에서 다음의 경우에도 합동이 된다.

②´ 빗변과 대응하는 1개의 변이 각각 같을 때
③´ 빗변과 대응하는 1개의 각이 각각 같을 때

◎직각 삼각형의 합동 조건

(힌트 2)

힌트 1을 보고 "합동을 이용한다."고 생각하는 사람이 있을 것이다. 물론 합동을 이용하는 방법이 있지만 그렇다고 이 방법만 있는 것은 아니다. 오히려 다른 방법을 찾는 편이 바람직하다. 특히 합동 조건은 분석적인 방법이지만 종합적인 방법은 아니기 때문이다.

가장 흔하게 볼 수 있는 방법은 다음과 같다.

〈해법 1〉

직각 삼각형 △BDC와 △CEB에 눈을 돌려라.

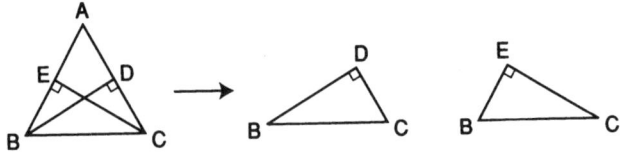

∠DCB = ∠EBC (이등변 삼각형의 밑각)
BC = CB (공유)
그러므로 △BDC ≡ △CEB (직각 삼각형의 합동 조건)
따라서 BD = CE이다.

그러나 같은 직각 삼각형의 합동 조건 ③′을 이용하면 다음 사실을 알 수 있다.

〈해법 2〉

해법 2도 직각 삼각형이라는 점에 눈을 돌린다. 또한 △ABD와 △ACE를 생각하라.

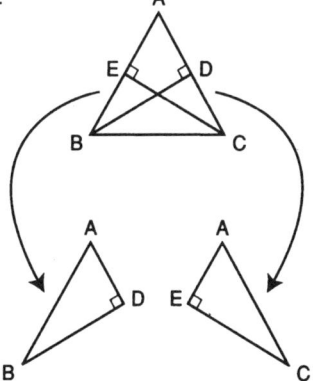

∠A = ∠A (공통)
AB = AC (이등변 삼각형)
그러므로 △ABD ≡ △ACE
따라서 BD = CE이다.

〈해법 1〉보다 〈해법 2〉의 쪽이 훌륭한 해법이라고 할 수 있는데 그 이유는 사용하는 정리가 1개가 적기 때문이다. 즉, 〈해법 1〉의 「∠DCB = ∠EBC」는 "이등변 삼각형의 밑각은 같다."는 정리가 사용되었기 때문이다. 수학 감각에서 생각할 때 될 수 있는 한, 간단하게 문제를 해결하는 것이 중요하다. 그렇다면 지금부터 힌트 2에서 언급된 종합적인 방법을 알아보도록 하자.

〈해법 3〉

문제의 삼각형 △ABC의 넓이에 눈을 돌려라. AB를 밑변이라고 생각하면 높이는 CE이고,

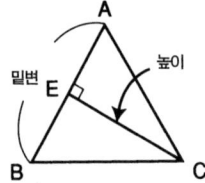 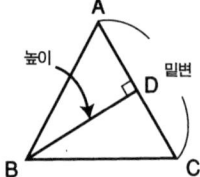

△ABC의 넓이 $= \dfrac{AB \times CE}{2}$ 마찬가지로 AC를 밑변이라고 생각하면 높이는 BD로,

△ABC의 넓이 $= \dfrac{AC \times BD}{2}$

2개의 식은 일치하므로,

$$\dfrac{AB \times CE}{2} = \dfrac{AC \times BD}{2}$$

따라서 AB ≡ AC의 조건에서 BD ≡ CE가 성립한다.

이상의 3개의 해법을 비교할 때 〈해법 3〉은 다른 해법들과 발상에서 차이가 있다는 사실을 알 수 있다. BD와 CE의 길이라고 하는 1

차원적인 문제를 2차원의 넓이 이야기로 변화시키자 문제가 훨씬 간단해졌다. 이 것이 종합적인 사고법의 장점이라고 할 수 있다.

그렇다면 비슷한 문제를 한 개 더 풀어보자.

|문제|

그림과 같은 삼각뿔에 대해서,

(1) 밑면 △ABC의 넓이를 구하라.
(2) 삼각뿔의 높이를 구하라.

단, 옆면은 모두 직각 삼각형이고, OA = OB = 2, OC = 1이다.

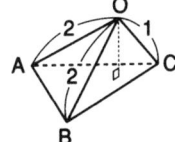

∠AOB = ∠BOC = ∠COA = 90°

(힌트 1)

우선 피타고라스의 정리를 이용해서 AB, BC, CA의 길이를 계산하자. 그렇게 하면 △ABC가 CA = CB인 이등변 삼각형이라는 사실을 알 수 있다. AB의 중점인 M에 대해서, CM의 길이를 알면 넓이를 구할 수 있다.

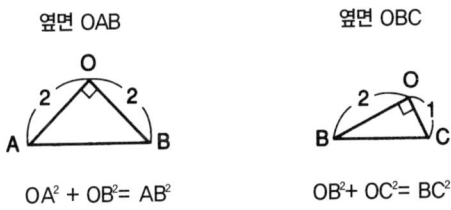

〈힌트 2〉

이 문제의 핵심은 (2) 즉, 삼각뿔의 높이에 있다. 여기서 차원을 높여서 생각하면 쉽게 계산할 수 있다.

〈해답〉

(1) $AB^2 = 2^2 + 2^2$에서, $AB = 2\sqrt{2}$

$BC^2 = 2^2 + 1^2$에서, $BC = \sqrt{5}$

마찬가지로 $CA = \sqrt{5}$

따라서 다음 그림과 같은 이등변 삼각형이 된다.

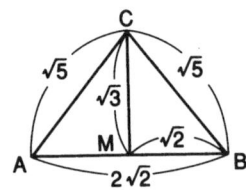

AB의 중심점을 M이라고 하면, $BM = \sqrt{2}$

그러므로 $CM^2 = (\sqrt{5})^2 - (\sqrt{2})^2 = 3$

그렇기 때문에 $CM = \sqrt{3}$

따라서 넓이 $= \dfrac{2\sqrt{2} \times \sqrt{3}}{2} = \sqrt{6}$

(정답) $\sqrt{6}$

(2) △OAB를 밑면이라고 하면, OC가 높이가 된다.

△OAB의 넓이는 $\dfrac{2 \times 2}{2}$

이 삼각뿔의 부피는 △OAB를 밑면이라고 생각하면,

$$\frac{1}{3} \times 1 \times \frac{2 \times 2}{2} = \frac{2}{3}$$

한편 △ABC를 밑면이라고 생각하면, 높이를 x라고 하고,

$$\frac{1}{3} \times x \times \sqrt{6}$$

그러므로 $\frac{\sqrt{6}}{3} x = \frac{2}{3}$에서,

(정답) $x = \frac{2}{\sqrt{6}} \left(= \frac{\sqrt{6}}{3} \right)$

24장 | 수학은 이미지다

 수학에서는 몇 개의 핵심을 근거로 예측하는 방법이 매우 중요하다고 했다. 나는 고다이라 쿠니히코 선생님의 수업을 들으면서 이 사실을 실감했다. 선생님께서는 「$n=1, n=2$」일 때 성립한다(이것을 친절하게 증명해 주셨다).

 그럼 "n이 3 이상일 때도 성립하겠지?"라고 말씀하셨는데, 이때 교실 안은 온통 웃음바다가 됐다. 그리고 많은 학생들은 고다이라 선생님의 명쾌한 사고법의 단면을 엿볼 수 있어서 기뻐했다.

 나는 3장에 소개한 페르마의 정리 역시 분석과 위와 같은 사고법으로 탄생한 것이 아닐까 하는 생각을 했다. 다소 중복된 느낌이 들지만 아래의 내용을 다시 한번 살펴보자.

 나는 앞에서 이미 '피타고라스 정리에서 $x^2+y^2=z^2$를 충족하는 x, y, z의 짝은 많이 있지만, 지수 부분에 붙어있는 2를 3이나 4로 바꾸어도 x, y, z의 짝이 존재하지 않을까?'라는 평범한 예측에서 페르마의 정리가 나왔다는 이야기를 한 적이 있다.

 그런데 x, y, z에 여러 수치를 대입해서 짝이 존재하지 않으면 페르마의 정리는 성립하지 않는 것이 아닐까? 라고 예측을 수정하게 됐다. 고다이라 선생님의 "몇 개의 수치를 대입해 보고 예측한다(예측을 수정한다)"는 것과 같은 사고법의 전개라고 생각한다.

이렇듯 수학자는 물론 수학을 사랑하는 사람들은 "n이 3이상의 정수일 때, $x^n+y^n=z^n$을 만족하는 자연수 x, y, z는 존재하지 않는다."는 페르마의 정리 때문에 오랜 세월 고민했다.

앞에서도 이야기했지만 어떤 단서가 없으면 어둠 속에서 헤맬 수밖에 없다. 그래서 이러한 예측을 한 페르마가 그 정리를 증명한 와일즈보다 높은 평가를 받고 있으며, 정리의 이름도 '페르마의 정리' 또는 '페르마-와일즈의 정리'라고 불리는 것이다. 이는 이미 3장에서 설명한 바 있다. 하지만 페르마가 디오판토스의 책 『산수론』 여백에 썼던 증명의 분량과 와일즈가 증명한 논문의 분량을 비교하면서 '와일즈가 훨씬 더 많은 노력을 한 게 아닌가?'라는 생각을 하는 사람이 있을지도 모르겠다.

이와 같은 경우는 다른 문제에서도 찾아볼 수 있다. 예를 들어, 프랑스의 수학자 톰은 예측했던 특이점의 종류와 형태에 대해 예측을 하고 이것을 정리했다. 그리고 이 정리를 미국의 수학자 마더가 현대 수학의 다양한 도구를 사용해서 약 책 1권 분량으로 증명했다. 하지만 이것 역시 마더의 정리가 아니라 '톰-마더의 정리'라고 불려진다. 또한 예측한 사람이 증명한 사람보다 높은 평가를 받는다.

수학은 겉보기에 '문제를 풀기 위한 학문'으로 생각되지만, 실제로는 이미지를 아주 중요하게 여긴다는 점을 기억하라.

무엇을 요구하고 있는가?

8장의 두루마리 휴지의 길이를 측정하는 문제를 소개하면서 "중학교 입시 문제에도 출제되었다"고 했다. 우리는 문제를 해결할 때 출제자가 의도하지 않은 부분까지 생각할 필요는 없다.

예를 들어 대화 상대에 따라 내용을 자세히 설명할 필요가 없는 경우가 있는데 "입시 공부는 잘 되고 있니?"라는 말이 고등학교 3학년 학생에게는 대학 입시를, 중학교 3학년 학생에게는 고등학교 입시를 가리키기 때문이다.

또한 "무엇을 요구하고 있는가?", "무엇을 요구해야 하는가?"를 생각하는 일은 문제의 핵심을 파악하기 위해 매우 중요하다. 문제의 핵심에서 벗어나면 '멍청이' 취급을 받게 될지도 모른다.

실제로 어떤 거래나 교섭을 할 때 상대를 설득하기 위해서는 "무엇을 요구하고 있는가?"를 즉시 파악하여 적절히 대처해야 한다. 같은 문제에 대해서도 핵심을 집어서 알기 쉽게 설명하면 빨리 이해할 수 있지만 그렇지 않은 경우에는 더욱 문제를 복잡하게 만들 수도 있다.

만일 "무엇을 요구하고 있는가?"에 대한 이해가 부족하고 사회 전체가 성숙되지 못하면 "고양이를 전자레인지에 넣고 돌렸더니 죽었다. 이건 다 설명서에 『전자레인지에 고양이를 넣으면 안 된다』는 말이 써있지 않았기 때문이다."라며 전자레인지 회사를 제소하는 사람이 나타나고, 또 재판에서 그 사람이 승소하는 사태가 일어날지도 모른다.

그렇다고 이런 일이 발생할 것이 두려워서 전자레인지 제품 설명서에 "고양이를 넣어서는 안 된다."라는 문구를 삽입한다면 "강아지와 햄스터는······", "손을 집어넣어도 좋은가?" 등 끊임없이 주의 사항을 기재해야 할지도 모른다. 또한 "설명서가 너무 길어 끝까지 읽을 수가 없어서 이런 일이 발생했다."는 소송이 나올 가능성도 있다. 실제로 소송을 하고 싶은 생각이 들만큼 복잡한 설명서가 있기는 하다.

아무튼 이런 경우 "전자레인지는 요리 이외의 목적에 사용해서는 안 된다"고 명시하면 된다(문구를 삽입해야 한다는 가정 아래서).

하지만 이 같은 주의 사항을 넣을 필요가 있는지가 의문스럽다. 전자레인지는 '요리에만 사용할 것' 문구를 적지 않았다고 문제가 되는 등 변호사의 궤변이 판을 치는 사회는 사고력을 중요하게 생각하지 않는 사회라는 느낌이 드는데 여러분은 그 점에 대해 어떻게 생각하는가?

우리는 어떤 문제에 대해서 핵심을 파악하는 능력 즉, 사고력을 키워야 할 필요가 있다.

다음은 국세 전문가 채용 시험에 출제된 문제이다.

| 문제 |

그림과 같이 정십이면체의 각 면의 중앙에 점을 찍고, 이웃한 면의 점들을 직선으로 연결해서 생긴 입체는 다음 중에서 어느 것인가?

1. 정사면체
2. 정육면체
3. 정팔면체
4. 정십이면체
5. 정이십면체

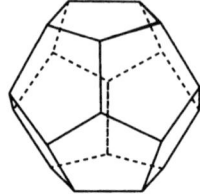

(국세 전문가 채용 시험에서 발췌)

(힌트)

"과연 몇 면체일까?"라는 질문에, 꼭지점이 아니라 면의 수를 세려는 사람이 있다. 물론 면의 수를 세는 일은 그다지 어렵지 않다. 입체를 실제로 만들어 보면 되기 때문이다. 이 문제는 그런 식으로 얼마든지 풀 수 있다.

하지만 이 문제는 "5종류의 입체 중에서 선택하라."는 지시가 있다. 또한 새롭게 만들어진 입체의 꼭지점의 개수는 "12면의 각 중심"에 있기 때문에 꼭지점이 12개라는 사실을 알 수 있다. 따라서 면의 수를 세는 행동은 이 문제의 핵심에서 벗어났다고 할 수 있다.

〈해답〉

새롭게 만들어진 입체의 꼭지점의 수는 12개이다. 그런데 문제의 그림에 있는 정십이면체의 꼭지점의 수는 20개다. 정사면체에서 정팔면체까지는 꼭지점 수가 12개보다 적으므로 정답이 아니다(정사면체는 꼭지점이 4개, 정육면체는 8개, 정팔면체는 6개). 그렇다면 이제 정이십면체만 남게 된다.

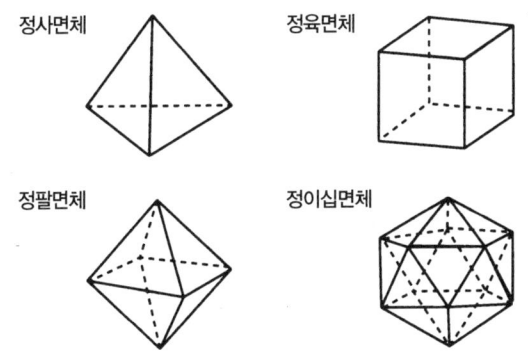

(정답) 정이십면체

이런 편법이 있다

대학 입시 문제에도 이런 종류의 방법이 효과적인 경우가 있다. 대부분 정통적인 해법을 사용하지만 편법을 사용하면 정말 쉽게 문제를 풀 수 있다.

| **문제** |

다음 빈칸에 숫자를 채워라.
$xyz = 1$이라면,

$$\frac{2x}{xy+x+1} + \frac{2y}{yz+y+1} + \frac{2z}{zy+z+1} = \boxed{}$$

(대학 입시 문제에서 발췌)

(힌트)

 이런 문제는 반드시 답이 있다. 즉, 답이 정해져 있지 않으면 문제로서 부적절하게 된다. 따라서 뭔가 간단한 수치를 넣어본다.

〈해답〉

 $x=1$, $y=1$, $z=1$은 $xyz=1$을 만족시킨다.
이것을 대입하면,

주어진 식 = $\underline{2} + \underline{2} + \underline{2} = 2$

 (정답) 2

 "앗, 어째서 이것이 편법이죠?"라고 말하는 사람이 있을지도 모른다. 그러나 다음에 기재한 정통적인 해법과 비교하면 확실히 편하다는 것을 알 수 있다.

 $xyz=1$을 만족하는 어떤 x, y, z의 조합에 대해서도 주어진 식은 일정한 값을 가진다.

 확인하는 의미에서 정통적인 해법을 제시하겠다.

$$\frac{y}{yz+y+1} = \frac{yx}{yzx+yx+x} = \frac{yx}{1+yx+x}$$

$$\frac{z}{zx+z+1} = \frac{zxy}{zxxy+zxy+xy} = \frac{1}{x+1+xy}$$

그러므로,

주어진 식 $= 2\left(\dfrac{x}{xy+x+1} + \dfrac{xy}{xy+x+1} + \dfrac{1}{xy+x+1} \right)$

$= 2 \cdot \dfrac{xy+x+1}{xy+x+1} = 2$ ……(정답)

실제로 정통적인 해법을 통해 이 문제의 답이 2라는 사실을 확인했다. 편법을 사용해서 쉽게 답을 구할 수 있다는 점이 빈칸을 채우는 문제, 또는 기호를 선택하는 문제의 최대 단점이라고 할 수 있다.

다음 문제도 답을 쉽게 추측할 수 있다.

| **문제** |

그림과 같은 삼각형에서 $\cos A = \dfrac{b^2 + c^2 + a^2}{2bc}$
코사인 정리를 이용해서 계산하면,
A = $\boxed{\alpha\ \beta\ \theta}\,°$ 이다. 단, $0 < t < 1$ 이라는 것과,
A가 가장 큰 각이라는 사실을 이용해도 좋다.
빈칸에 숫자를 넣어라.

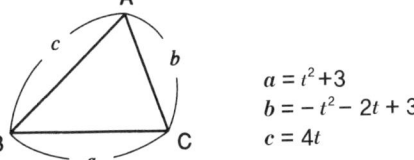

$a = t^2 + 3$
$b = -t^2 - 2t + 3$
$c = 4t$

(중앙시험 수학 I 에서)

수학은 이미지다

(힌트 1)

삼각비의 주요 수치를 표로 나타내면 다음과 같다. 하지만 이 문제의 범위에서 sin과 cos의 값을 알 수 있는 것은 이 표의 각도뿐이다.

구 분	$0°$	$30°$	$45°$	$60°$	$90°$	$120°$	$135°$	$150°$	$180°$
$\sin\theta$	0	$\dfrac{1}{2}$	$\dfrac{1}{\sqrt{2}}$	$\dfrac{\sqrt{3}}{2}$	1	$\dfrac{\sqrt{3}}{2}$	$\dfrac{1}{\sqrt{2}}$	$\dfrac{1}{2}$	0
		$\dfrac{\sqrt{3}}{2}$	$\dfrac{1}{\sqrt{2}}$				$-\dfrac{1}{\sqrt{2}}$	$-\dfrac{\sqrt{3}}{2}$	

(힌트 2)

cosA의 값을 계산한 후 A를 구하면 된다. 이 문제의 답은 정수와 기호로 나타내야 하고 $\boxed{\alpha\ \beta\ \theta}$ 에는 3자리 수의 정수가 들어가야 한다.

(힌트 3)

보통 cos A를 계산하면 분모와 분자가 t의 4차식이 된다. 이것을 애쓰고 계산해도 답은 구할 수 있다. 그러나 cos A가 앞의 표에 나온 값이 아니라면 A의 값은 구할 수 없다. 또한 문제의 형태를 볼 때 이 식은 t의 값이 반드시 일정하게 나온다. 표의 숫자 안에서 답으로 이어지는 것은 어느 것일까?

〈해법 1〉

조건에서,

$$\cos A = \frac{(-t^2-2t+3)^2-(t^2+3)^2}{2(-t^2-2t+3)(4t)}$$

이것이 표 안의 수치가 될 수 있는 것은 $\cos A = 0, \pm 1, \pm\dfrac{1}{2}$ 밖에

때문이다.

여기서 분자가 0이 되지 않는다는 사실은 즉시 알 수 있고, 삼각형의 각은 0°이나 180°도 아님을 알 수 있다.

따라서 A는 60°나 120°가 된다.

빈칸에는 3자리수의 숫자를 넣을 수 있으므로,

(정답) 120°

———⊙⊙⊙———

"이 식이 t의 값과 상관없이 일정하다."는 사실을 눈을 돌리면 다음과 같은 해법을 생각할 수 있다.

〈해법 2〉

$$\cos A = \frac{(-t^2-2t+3)^2 + (4t)^2 - (t^2+3)^2}{2(-t^2-2t+3)(4t)}$$

이것이 t의 값과 상관없이 일정하므로 $0 < t < 1$ 안의 하나인 $t = \frac{1}{2}$를 대입해서 계산한다.

여기서 분자는 $\left(\frac{7}{4}\right)^2 + 2^2 - \left(\frac{13}{4}\right)^2 = \frac{49+64+169}{16} = -\frac{7}{2}$

분모는 $2 \times \frac{7}{4} \times 2 = 7$

그러므로 $\cos A = -\frac{1}{2}$

(정답) A = 120°

———⊙⊙⊙———

해법 1과 2를 비교하면 〈해법 1〉은 계산다운 계산을 하지 않았음에도 불구하고 정답을 구했다는 사실을 알 수 있다. 그 점을 통해서 살펴볼 때 〈해법 1〉의 쪽이 훨씬 문제의 핵심을 잘 파악했다고 할 수 있다.

또한 〈해법 2〉에서는 t식의 분모와 분자를 약분하면 $\cos A = -\frac{1}{2}$ 가 된다. 따라서 $t \neq 0, 1$인 t의 값이라면(t의 값을 1과 0으로 하면 분모가 0이 되므로 부적당하다), 항상 $-\frac{1}{2}$가 된다. 그러므로 분수 계산이 서투른 사람은 범위 외의 $t=-1$이든지 $t=2$를 대입해서 계산해도 좋다.

입시나 채용 시험에서 "무엇을 요구하고 있는가?" 즉, 핵심이 무엇인지 생각하면 문제를 간단히 해결할 수 있는 경우가 많다. 물론 출제자가 의도한 것은 아니겠지만 빈칸 채우기 문제 같은 허점을 통해 요구하는 것을 찾아내는 경우도 있다.

그러나 허점 속에서 원하는 핵심을 찾아내고 해결할 수 있는 능력 역시 높이 평가해야 한다고 생각한다. 왜냐하면 무엇을 요구하고 있는가를 정확하게 파악했기 때문이다.

또한 어떤 문제를 풀기 위해서 그림이 필요한 경우에는 정성스럽게 그리는 것이 매우 중요하다는 사실을 꼭 기억하길 바란다. 이 책을 읽고 문제를 풀 때 그림을 정성스럽게 그린 후 출제자조차 알지 못하는 해법을 발견한다면 나에게 그보다 더 큰 기쁨은 없을 것이다.

에필로그

저자는 이미 앞에서 "거센 변화가 일어나는 시대야말로 본질을 꿰뚫는 힘, 즉 수학적인 사고력이 필요하고 그것을 기르는 역할은 수학이 담당해야 한다."고 주장했다.

또한 사고력을 좀더 향상시키기 위해서 어떻게 하는 것이 좋은가에 대한 구체적이고 실천적인 방향을 제시할 필요가 있었다. 그래서 저자는 이런 취지를 갖고 『수학 감각을 향상시켜라』(고단샤 현대신서 1982년/절판)와 『일에 대한 보람을 느끼게 하는 수학적 발상』(실무 교육 출판의 통신 강좌, 1994년)을 세상에 내놓았으며, 또한 높은 평가를 얻었다.

그러나 『수학 감각을 향상시켜라』는 상당히 오래 전에 쓴 책이므로 소재 중에 다소 진부한 부분이 있었다. 또 『일에 대한 보람을 느끼게 하는 수학적 발상』은 통신 강좌라는 제약이 있어서 쉽게 구해서 읽을 수 없다는 어려움이 있었다.

그래서 두 책의 내용을 현대적인 감각으로 새롭게 엮어서 발표하게 되었으며, 이 책이 나오기까지 도움을 주신 을지외국어 출판사 관계자 여러분께 깊은 감사를 드린다.

한국에 계신 독자 여러분들과 지면을 통해 인사를 드리지만 수학의 진정한 힘을 직접 체험하고, 나아가 일상생활과 현실에서 수학의 고마움을 느낄 수 있는 계기가 되었으면 하는 바람으로 이 책을 집필하였으니 아낌없는 격려와 질정을 바라마지 않는 바이다.